CAD/CAM/CAE 工程应用丛书

UG NX 11.0 有限元分析基础实战

沈春根　孔维忠　关天龙　等编著

机械工业出版社

本书以 UG NX 11.0 的前/后处理模块为平台，采用任务型项目教学法的形式，通过详细介绍工程案例，进行有限元分析的项目描述、项目思路、项目步骤和项目拓展，内容包括 UG NX 有限元软件界面和分析工作流程、底座类零件有限元分析、轴套类零件有限元分析、3D 装配体有限元分析、面面接触过盈装配有限元分析、2D 和 3D 装配有限元分析、1D 梁有限元分析、0D1D2D3D 混合模型分析、结构对称有限元分析、轴对称有限元分析、结构静力学综合应用和结构动力学综合应用等实例。

本书内容编排符合由浅入深的有限元软件教学认知规律，注重软件操作命令和有限元分析流程相结合、教学典型案例和企业工程案例相结合、实例过程讲解和实例拓展提升相结合、软件的操作引导和知识难点的提示相结合。

本书随书网盘学习材料包含所有实例操作演示的语音视频、素材模型、对应的有限元计算结果文件和专题培训学习资料，方便读者快速入门和掌握工程实际应用中有限元分析的工作流程、常用命令、关键参数和项目解决思路。

本书适合理工科院校机械工程、车辆工程等专业的本科生、硕士研究生、博士研究生及教师使用，可以作为高等院校学生及科研院所研究人员学习 UG NX 11.0 前/后处理和有限元分析的参考用书，也可以作为从事相关领域科学技术研究的工程技术人员的参考用书。

图书在版编目（CIP）数据

UG NX 11.0 有限元分析基础实战 / 沈春根等编著. —北京：机械工业出版社，2018.6（2024.8 重印）

（CAD/CAM/CAE 工程应用丛书）

ISBN 978-7-111-60054-1

Ⅰ. ①U… Ⅱ. ①沈… Ⅲ. ①有限元分析－应用软件 Ⅳ. ①O241.82

中国版本图书馆 CIP 数据核字（2018）第 110128 号

机械工业出版社（北京市百万庄大街 22 号　邮政编码 100037）
策划编辑：张淑谦
责任编辑：张淑谦
责任校对：张艳霞
责任印制：单爱军
北京虎彩文化传播有限公司印刷
2024 年 8 月第 1 版第 8 次印刷
184mm×260mm・16.5 印张・392 千字
标准书号：ISBN 978-7-111-60054-1
定价：59.00 元

出 版 说 明

随着信息技术在各领域的迅速渗透，CAD/CAM/CAE 技术已经得到了广泛的应用，从根本上改变了传统的设计、生产、组织模式，对推动现有企业的技术改造、带动整个产业结构的变革、发展新兴技术、促进经济增长都具有十分重要的意义。

CAD 在机械制造行业的应用最早，使用也最为广泛。目前其最主要的应用涉及机械、电子、建筑等工程领域。世界各大航空、航天及汽车等领域的制造业巨头不但广泛采用 CAD/CAM/CAE 技术进行产品设计，而且投入大量的人力、物力及资金进行 CAD/CAM/CAE 软件的开发，以保持自己在技术上的领先地位和国际市场上的优势。CAD 在工程中的应用，不但可以提高设计质量，缩短工程周期，还可以节省大量建设投资。

各行各业的工程技术人员也逐步认识到 CAD/CAM/CAE 技术在现代工程中的重要性，掌握其中的一种或几种软件的使用方法和技巧，已成为他们在竞争日益激烈的市场经济形势下生存和发展的必备技能之一。然而，仅仅知道简单的软件操作方法是远远不够的，只有将计算机技术和工程实际结合起来，才能真正达到通过现代技术手段提高工程效益的目的。

基于这一考虑，机械工业出版社特别推出了这套主要面向相关行业工程技术人员的"CAD/CAM/CAE 工程应用丛书"。本丛书涉及 AutoCAD、Pro/ENGINEER、Creo、UG、SolidWorks、Mastercam、ANSYS 等软件在机械设计、性能分析、制造技术方面的应用，以及 AutoCAD 和天正建筑 CAD 软件在建筑和室内配景图、建筑施工图、室内装潢图、水暖、空调布线图、电路布线图以及建筑总图等方面的应用。

本丛书立足于基本概念和操作，配以大量具有代表性的实例，并融入了作者丰富的实践经验，丛书内容具有专业性强、操作性强、指导性强的特点，是一套真正具有实用价值的书籍。

机械工业出版社

前　言

2010 年以来，笔者及编书团队陆续出版了《UG NX 7.0 有限元分析入门与实例精讲》和《UG NX 8.5 有限元分析入门与实例精讲第 2 版》两本有限元软件应用图书，并收到了大量读者来信，在获得肯定的同时也听到了两种声音：一是这两本书太难，希望笔者编写更适宜入门的有限元书籍；二是这两本书中的实例太简单，缺少高级模块的工程应用实例。

显然，这两种意见代表了不同层次的读者需求，也为笔者策划和出版新书指明了方向。针对第一种读者意见，结合培训教学、工程实践经验并借鉴项目教学法的精髓，笔者系统地梳理了有限元软件的教学规律和学习入门要点，提出了有限元学习需要遵从 3D、2D 和 1D 网格划分并逐渐过渡到 0D/1D/2D/3D 混合网格划分的渐进式认知顺序，进而编排出了适合零起点读者的有限元基础知识、实例操作和知识要点，同时考虑到已有一定基础的读者，在内容上增加了项目拓展案例和知识点，便于读者进行自学和提高。

因此，本书吸收和继承了前两本图书案例演示引导、内容逐渐深入的编排风格，对案例内容和编排顺序做出了重大的改进和更新，希望给初学者快速入门和提高学习带来帮助。

本书主要的内容

第 1 章：认识 NX 有限元分析工作界面和分析流程，涉及 UG NX 前、后处理操作界面、有限元分析工作流程、单元类型、边界条件、文件的数据结构关系、后处理显示方法和结果评判方法等知识点。

第 2 章：底座类零件有限元分析实例——水箱底座受力分析，涉及项目描述、项目分析、项目操作、项目结果、项目拓展（解算方案求解的置信度分析、四面体网格和六面体网格求解效率的对比和自定义材料属性）等知识点。

第 3 章：轴套类零件有限元分析实例——发动机曲柄受力分析，涉及项目描述、项目分析、项目操作、项目结果、项目拓展（不同转速承载工况的分析、不同偏心质量工况的分析）等知识点。

第 4 章：3D 装配体有限元分析实例——支撑工作台承载分析，涉及装配 FEM 方法、项目描述、项目分析、项目操作、项目结果、项目拓展（局部区域划分网格对解算结果的影响和局部区域划分网格的应用案例）等知识点。

第 5 章：面面接触有限元分析实例——传动轴和齿轮内孔过盈配合分析，涉及面对面接触参数设置、项目描述、项目分析、项目操作、项目结果、项目拓展（施加扭矩载荷的操作过程、扭矩和过盈量的变化对接触性能影响）等知识点。

第 6 章：2D 装配有限元分析实例——集热器支架受力分析，涉及 2D 单元类型、2D 和 3D 连接、项目描述、项目分析、项目操作、项目结果、项目拓展（复杂模型抽取中面的方法和应用、2D 单元常见修补方法）等知识点。

第 7 章：1D 梁有限元分析实例——铰支梁受力分析，涉及 1D 单元类型、合并节点、项目描述、项目分析、项目操作、项目结果、项目拓展（1D 复杂截面梁分析、1D 梁单元销标志及其应用）等知识点。

第 8 章：0D1D2D3D 混合模型分析实例——光伏支架受力分析，涉及项目描述、项目分析、项目操作、项目结果、项目拓展（创建 0D/1D/2D/3D 装配模型方案、查看 0D/1D/2D/3D 模型求解结果）等知识点。

第 9 章：结构对称有限元分析实例——卡箍受力分析，涉及接触对算法、对称结构网格划分方法、项目描述、项目分析、项目操作、项目结果、项目拓展（抽取中面创建 2D 单元、边界线上创建对称约束）等知识点。

第 10 章：轴对称有限元分析实例——球形薄壳承压分析，涉及屈曲分析、项目描述、项目分析、项目操作、项目结果、项目拓展（LDC 算法进行屈曲分析）等知识点。

第 11 章：结构静力学综合应用实例——万向节总成受力分析，涉及螺栓连接及其预紧力、混合网格、项目描述、项目分析、项目操作、项目结果、项目拓展（3D 螺栓建模和 1D 螺栓建模）等知识点。

第 12 章：动力学综合应用实例——电机支架振动分析，涉及振动响应运动方程、阻尼、直接频率响应、模态频率响应、直接瞬态响应、模态瞬态响应、项目描述、项目分析、项目操作、项目结果、项目拓展（SOL 响应动力学频响和瞬态响应分析）等知识点。

本书编写的特色

- 第 1 章 UG NX 有限元作为基础知识的铺垫，包括基本操作界面、常用命令、操作流程、后处理及其结果评价方法，可以让零基础的读者快速了解入门知识的要点。
- 解题思路清晰，操作步骤详细，可让读者在较短的时间内掌握 UG NX 高级仿真的基本操作步骤和方法，为后续的学习和实战打下坚实的基础。
- 实例类型齐全，难度适宜具有渐进性，通过实例的跟随操作，可以使读者逐步掌握分析工程实际问题中的解题要点。
- 大量 UG NX 高级仿真的重要概念、知识要点、工程经验和操作技巧，在 "问题描述" "实例小结" "提示" 等形式中进行了提炼，让 UG CAE 初学者少走弯路。
- 随书网盘免费提供完整的源文件模型、解算后的结果文件、所有实例操作的有声视频文件和有限元教学培训专题知识，有助于 UG CAE 初学者快速入门。

本书适合的读者

- 理工科院校相关专业的高年级本科生、硕士研究生、博士研究生及教师。
- 具备三维建模基础的 UG CAE 初学者。
- 企业的工程技术人员和科研院所的研究人员。

本书编著人员

本书主要由沈春根、孔维忠和关天龙编著，此外参与编写的还有邵小军、王春艳、范燕萍、汪健、徐雪、许洪龙、沈卓凡、黄冬英、史建军、戴永前、马殿文、马永、周丽萍、陈建、邹晔、邢美峰、聂文武、裴宏杰、薛宏丽、李海东、许玉方、李伟家和姚炀。

本书编著得到了"高档数控机床与基础制造装备"科技重大专项子课题（课题号 2013ZX04009031-9）和 2013 年度"江苏省博士后科研资助计划"第二批项目课题的资助。

由于作者水平有限，书中不足或错误之处在所难免，恳请广大读者批评指正，欢迎业内人士和 UG CAE 爱好者一起进行交流和探讨（本书作者电子邮箱：chungens@163.com，技术交流 QQ 群：182296428）。

目　录

出版说明

前言

第1章　认识 NX 有限元工作界面和
分析流程………………………1

1.1　认识 NX 有限元分析工程
用途 …………………………1

1.2　认识 NX 有限元分析工作
界面 …………………………2

  1.2.1　认识 NX CAD 环境界面 …………2

  1.2.2　认识 NX FEM 环境界面 …………5

  1.2.3　认识 NX 理想化环境界面 …………5

  1.2.4　认识 NX SIM 环境界面 …………8

  1.2.5　认识 NX 解算方案求解环境
界面 ………………………10

  1.2.6　认识 NX 后处理环境界面 ………12

  1.2.7　认识 NX 分析报告界面 …………14

  1.2.8　认识退出各级文件的操作
方法 ………………………15

  1.2.9　认识打开各级文件及的操作
方法 ………………………15

  1.2.10　认识 NX 有限元结果文件 ……16

1.3　认识 NX 有限元分析工作
流程 ………………………16

  1.3.1　认识 NX 有限元分析的主要
步骤 ………………………16

  1.3.2　认识 NX 有限元分析工作流程的
框图 ………………………20

1.4　认识 NX 有限元分析基础
知识 ………………………20

  1.4.1　认识常见单元类型及其应用
场合 ………………………20

  1.4.2　认识边界条件及其应用场合 ……22

  1.4.3　认识有限元分析文件的数据结构
关系 ………………………23

  1.4.4　认识常见后处理显示方法 ………25

  1.4.5　认识常见分析结果的评判
方法 ………………………30

1.5　本章小结 ………………………32

第2章　底座类零件有限元分析实例
——水箱底座受力分析 ……33

2.1　项目描述 ………………………33

2.2　项目分析 ………………………34

  2.2.1　有限元分析的基本流程和
思路 ………………………34

  2.2.2　底座有限元分析的主要命令 ……34

2.3　项目操作 ………………………35

  2.3.1　创建底座理想化模型 …………35

  2.3.2　创建底座 FEM 模型 ……………37

  2.3.3　创建底座 SIM 模型 ……………39

  2.3.4　求解底座解算方案 ……………39

2.4　项目结果 ………………………40

  2.4.1　查看底座最大变形 ……………41

  2.4.2　查看底座最大应力 ……………41

  2.4.3　创建底座棱边位移图表 …………42

2.5　项目拓展 ………………………43

  2.5.1　解算方案求解的置信度分析 ……43

  2.5.2　四面体网格与六面体网格求解
效率的对比 ………………44

  2.5.3　自定义材料属性的基本方法 ……47

2.6　项目总结 ………………………48

第3章　轴套类零件有限元分析实例
——发动机曲柄受力分析 ……49

3.1　项目描述 ………………………49

3.2　项目分析 ………………………50

3.3　项目操作 ………………………50

  3.3.1　新建 FEM 模型和 SIM 模型 ……50

  3.3.2　创建理想化模型 ………………51

  3.3.3　创建 FEM 模型 ………………54

3.3.4 创建 SIM 模型 ················· 58
3.3.5 模型检查和求解解算方案 ····· 58
3.4 项目结果 ·························· 60
3.5 项目拓展 ·························· 61
3.5.1 曲柄不同转速承载工况的
分析 ·························· 61
3.5.2 曲柄不同偏心质量工况的
分析 ·························· 62
3.6 项目总结 ·························· 63
第4章 装配体有限元分析实例——
支撑工作台承载分析 ······· 64
4.1 基础知识 ·························· 64
4.2 项目描述 ·························· 64
4.3 项目分析 ·························· 65
4.3.1 项目分析总体思路 ··········· 65
4.3.2 项目分析工作流程 ··········· 65
4.3.3 项目分析关键问题和命令 ····· 66
4.4 项目操作 ·························· 66
4.4.1 创建支撑工作台装配 FEM
模型 ·························· 66
4.4.2 创建支撑工作台 SIM 模型 ··· 67
4.4.3 解算方案的求解 ············· 70
4.5 项目结果 ·························· 70
4.5.1 解算结果及其后处理 ········· 70
4.5.2 解算方案的比较分析 ········· 71
4.6 项目拓展 ·························· 73
4.6.1 局部区域划分网格对解算结果的
影响 ·························· 73
4.6.2 局部区域划分网格的应用
案例 ·························· 77
4.7 项目总结 ·························· 78
第5章 面面接触有限元分析实例——
传动轴和齿轮内孔过盈配合
分析 ·························· 79
5.1 基础知识 ·························· 79
5.1.1 面面连接命令的简介 ········· 79
5.1.2 面面连接命令支持的解算
方案 ·························· 80
5.1.3 面对面接触主要参数的
解释 ·························· 80

5.2 项目描述 ·························· 81
5.3 项目分析 ·························· 82
5.3.1 传动轴结构特点 ············· 82
5.3.2 传动轴过盈配合受力分析的
特点 ·························· 82
5.4 项目操作 ·························· 83
5.4.1 创建孔轴配合 FEM 模型 ····· 83
5.4.2 创建 SIM 模型和定义面对面
接触的参数 ·················· 84
5.4.3 定义面对面接触的输出请求
参数 ·························· 87
5.5 项目结果 ·························· 89
5.5.1 查看孔轴配合接触变形和接触
应力结果 ···················· 89
5.5.2 查看孔轴配合接触力和接触压力
结果 ·························· 91
5.5.3 面对面接触性能的结果评价 ··· 91
5.6 项目拓展 ·························· 92
5.6.1 施加扭矩载荷的操作过程 ····· 92
5.6.2 扭矩和过盈量的变化对接触性能
影响 ·························· 94
5.7 项目总结 ·························· 94
第6章 2D 装配有限元分析实例——
集热器支架受力分析 ······· 95
6.1 基础知识 ·························· 95
6.1.1 2D 单元类型和用途 ········· 95
6.1.2 2D 网格命令主要参数 ······· 96
6.1.3 2D 单元网格划分的方法 ····· 97
6.1.4 RBE2 单元和蛛网连接使用
场合 ·························· 98
6.1.5 2D 和 3D 常见连接方法和
应用 ·························· 98
6.2 项目描述 ·························· 100
6.2.1 集热器支架设计要求 ········· 100
6.2.2 集热器支架分析思路 ········· 101
6.3 项目操作 ·························· 101
6.3.1 支架装配模型处理 ··········· 101
6.3.2 创建 2D 装配 FEM 模型 ····· 102
6.3.3 创建 2D 装配 SIM 模型 ····· 106
6.3.4 2D 和 1D 连接装配模型

求解 ···················· 106

6.4　项目结果 ·················· 107

6.4.1　支架整体模型后处理显示 ········ 107

6.4.2　2D 单元结果单独显示 ········ 107

6.5　项目拓展 ·················· 108

6.5.1　复杂模型抽取中面的方法和

　　　　应用 ···················· 108

6.5.2　2D 单元常见修补方法 ········ 109

6.6　项目总结 ·················· 111

第 7 章　1D 梁有限元分析实例——
**　　　　　铰支梁受力分析** ············ 112

7.1　基础知识 ·················· 112

7.1.1　1D 单元的类型和用途 ······· 112

7.1.2　CBAR 和 CBEAM 梁单元的

　　　　区别 ···················· 112

7.1.3　梁弯曲应力公式 ··········· 113

7.1.4　合并节点及其场合 ········· 115

7.2　项目描述 ·················· 115

7.3　项目分析 ·················· 116

7.3.1　理论公式计算方法 ········· 116

7.3.2　理论计算有关结论 ········· 117

7.4　项目操作 ·················· 117

7.4.1　创建 1D 梁单元 FEM 模型 ····· 117

7.4.2　编辑 1D 梁单元属性 ········ 118

7.4.3　检查 1D 梁单元的截面方向 ····· 120

7.4.4　创建 1D 梁单元 SIM 模型 ····· 121

7.5　项目结果 ·················· 122

7.5.1　查看 1D 梁挠度 ··········· 122

7.5.2　查看梁长度方向的正应力 ······ 122

7.5.3　查看梁横截面正应力分布 ······ 123

7.5.4　查看梁横截面剪切应力

　　　　分布 ···················· 123

7.5.5　查看梁横截面剪力和弯矩 ······ 123

7.6　项目拓展 ·················· 124

7.6.1　1D 复杂截面梁分析 ········ 124

7.6.2　1D 梁单元销标志及其应用 ····· 127

7.7　项目总结 ·················· 133

第 8 章　0D1D2D3D 混合模型分析
**　　　　　实例——光伏支架受力**
**　　　　　分析** ···················· 134

8.1　基础知识 ·················· 134

8.2　项目描述 ·················· 134

8.3　项目分析 ·················· 135

8.4　项目操作 ·················· 135

8.4.1　创建 1D 网格模型 ········· 135

8.4.2　创建 2D 网格模型 ········· 137

8.4.3　创建 3D 网格模型 ········· 139

8.4.4　创建 1D 连接模型 ········· 140

8.4.5　创建面对面粘连 ··········· 141

8.4.6　创建边对面粘连 ··········· 142

8.4.7　创建装配 SIM 模型 ········· 142

8.5　项目结果 ·················· 143

8.5.1　查看装配模型位移结果 ······· 143

8.5.2　查看装配模型应力结果 ······· 144

8.6　项目拓展 ·················· 145

8.6.1　创建 0D/1D/2D/3D 装配模型

　　　　方案 ···················· 145

8.6.2　查看 0D/1D/2D/3D 模型求解

　　　　结果 ···················· 149

8.6.3　0D/1D/2D/3D 模型分析拓展 ···· 150

8.7　项目总结 ·················· 150

第 9 章　结构对称有限元分析实例——
**　　　　　卡箍受力分析** ············ 151

9.1　基础知识 ·················· 151

9.1.1　结构对称分析的优点 ········ 151

9.1.2　结构对称分析的方法 ········ 152

9.2　项目描述 ·················· 152

9.3　项目分析 ·················· 153

9.3.1　装配模型拆分思路 ········· 153

9.3.2　接触对的算法简介 ········· 153

9.3.3　螺栓预紧力的处理方法 ········ 154

9.4　项目操作 ·················· 154

9.4.1　创建 FEM 模型和拆分模型 ····· 154

9.4.2　对称结构划分网格 ········· 156

9.4.3　创建 4 种工况的解算方案 ····· 159

9.5　项目结果 ·················· 167

9.5.1　查看后处理位移结果 ········ 167

9.5.2　查看后处理接触压力结果 ······ 168

9.5.3　查看后处理非线性应力

　　　　结果 ···················· 169

9.6 项目拓展 ·····················169
  9.6.1 抽取中面创建 2D 单元 ···169
  9.6.2 边界线上创建对称约束 ···171
  9.6.3 2D 单元和 3D 单元结果
     对比 ·························173
9.7 项目总结 ·····················174

第 10 章 轴对称有限元分析实例——
球形薄壳承压分析 ·····175
10.1 基础知识 ·····················175
  10.1.1 轴对称分析基本概念 ·····175
  10.1.2 屈曲分析基础知识 ·······176
10.2 项目描述 ·····················177
10.3 项目分析 ·····················177
  10.3.1 屈服分析的基本思路 ·····177
  10.3.2 项目材料的本构模型 ·····177
10.4 项目操作 ·····················178
  10.4.1 创建非轴对称解算方案 ···178
  10.4.2 创建轴对称单元解算方案 ···183
10.5 项目结果 ·····················189
  10.5.1 轴对称解算结果的对比 ···189
  10.5.2 网格细化对解算结果的
     影响 ·························189
  10.5.3 轴对称模型后处理的显示 ···190
  10.5.4 轴对称分析的有关结论 ···190
10.6 项目拓展 ·····················193
  10.6.1 LDC 算法进行屈曲分析的
     简介 ·························193
  10.6.2 LDC 算法进行屈曲分析的
     操作 ·························194
10.7 项目总结 ·····················195

第 11 章 结构静力学综合应用实例
——万向节总成受力
分析 ·····················196
11.1 基础知识 ·····················196
  11.1.1 圆柱坐标系及其应用 ·····196
  11.1.2 接触面节点穿透原因 ·····197
11.2 项目描述 ·····················197
11.3 项目分析 ·····················198
  11.3.1 确定零件的许用应力 ·····198
  11.3.2 螺栓连接及其预紧力 ·····198

  11.3.3 3D 混合网格的作用 ·······198
11.4 项目操作 ·····················198
  11.4.1 创建装配体 FEM 模型 ···198
  11.4.2 创建装配体 SIM 模型 ···208
  11.4.3 求解出错分析及修改方法 ···211
11.5 项目结果 ·····················212
11.6 项目拓展 ·····················213
  11.6.1 3D 螺栓建模分析 ·········213
  11.6.2 1D 螺栓建模和 3D 螺栓建模
     结果比较 ·················214
11.7 项目总结 ·····················217

第 12 章 结构动力学综合应用实例
——电机支架振动分析 ···218
12.1 基础知识 ·····················218
  12.1.1 振动响应系统运动方程 ···218
  12.1.2 振动响应系统阻尼问题 ···222
  12.1.3 NX 动力学响应类型和应用
     场合 ·························223
12.2 项目描述 ·····················226
12.3 项目分析 ·····················227
12.4 项目操作 ·····················227
  12.4.1 确定模型的质量和惯量 ···227
  12.4.2 创建 FEM 模型 ···········229
  12.4.3 SOL103 实特征值分析 ·····231
  12.4.4 SOL108 直接频率响应分析 ···233
  12.4.5 SOL111 模态频率响应分析 ···235
  12.4.6 SOL109 直接瞬态响应分析 ···236
  12.4.7 SOL112 模态瞬态响应
     分析 ·························238
12.5 项目结果 ·····················238
  12.5.1 模态分析结果 ···········238
  12.5.2 频率响应分析结果 ·······238
  12.5.3 瞬态响应分析结果 ·······240
12.6 项目拓展 ·····················242
  12.6.1 SOL103 响应动力学频响
     分析 ·························242
  12.6.2 SOL103 响应动力学瞬态响应
     分析 ·························246
12.7 项目总结 ·····················250

参考文献 ·····················251

第1章 认识 NX 有限元工作界面

和分析流程

本章内容提要

　　本章在介绍 UG NX 有限元分析（前/后处理）的工程用途、操作界面和工作流程的基础上，介绍了常见单元类型及其应用场合、边界条件和载荷类型及其应用场合、有限元文件的数据结构关系、后处理显示方法、分析结果评判方法等内容，为后面熟练掌握有限元实例操作流程和有限元工程分析入门提供了感性认识。

1.1　认识 NX 有限元分析工程用途

　　UG NX（简称 NX）有限元，也称之为高级仿真、前/后处理，是用来对产品、组件、零件进行建模、求解和结果可视化的一种 CAE 数字化仿真软件，具有静力学、动力学、非线性、复合材料分析和多物理场耦合分析等强大的工程分析能力，常用于分析弹簧、杆、梁、壳体、实体等结构在承受拉伸、弯曲、扭转和离心力等载荷下的变形和应力状态，为优化结构和改进设计提供参数，从而成为提高产品开发能力的重要工具。

　　NX 有限元默认的求解器是 NX Nastran，它和 NX 建模无缝集成，即在 CAD 模型（包括点、线、平面和三维模型）基础上借助前/后处理模块，让工程师快速地构建前处理模型（包括理想化模型、FEM 有限元模型、SIM 仿真模型和设置解算方案选项），通过求解并利用后处理来评判刚度、强度、稳定性和耐疲劳等指标是否满足设计要求，这个基本的工作过程可以用图 1-1 来表述（以方向节从动叉模型的受力分析为例）。

　　提示

　　从 NX 11.0 版本开始，NX 的 CAE 功能改称为 Simcenter，高级仿真应用模块改称为前/后处理，Simcenter 支持 CAE 行业中许多标准求解器，比如 NX Nastran、Msc Nastran、Samcef、ANSYS 和 ABAQUS。

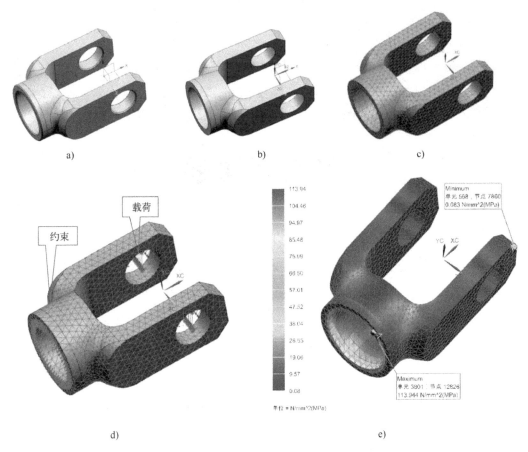

图 1-1　NX 有限元的基本工作过程

a) CAD 模型　b) 理想化模型（删除孔倒角）　c) FEM 模型　d) SIM 模型　e) 后处理模型

1.2　认识 NX 有限元分析工作界面

1.2.1　认识 NX CAD 环境界面

　　启动 NX 11.0，进入 NX 界面，可以创建新的文件（CAD 模型或者 CAE 模型）或者打开现有文件，单击工具栏中的【打开】📁图标，在个人计算机文件目录中选中待分析的 CAD 模型（举例打开本书第 2 章的底座模型，此处模型名称为：M0100_底座），确认后进入 NX 11.0 建模主界面，如图 1-2 所示。

　　提示

　　进入高级仿真之前，先检查模型上的一些细节特征，比如圆角、倒斜角、小孔等，如果确认它们对模型解算结果和性能指标的影响微乎其微，可以在建模环境中利用同步建模等工具，将小细节特征进行删除或者编辑。

　　但是建议：对模型进行有限元分析时，一般不允许破坏其设计特征（即保留主模型的特征及其参数），所以删除或者抑制模型的细节特征，应尽量放在理想化环境中进行相关操作。

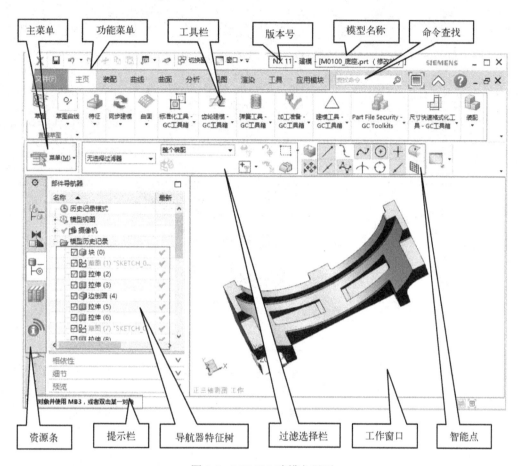

图 1-2　NX 11.0 建模主界面

单击功能菜单栏上的【应用模块】，观察工具栏中的图标和命令发生的变化，单击【前/后处理】图标，进入图 1-3 所示的前/后处理空白界面。

单击仿真导航器窗口的【M0100_底座.prt】，右击弹出图 1-4 所示的菜单，单击其中的【新建 FEM】，弹出图 1-5 所示的【新建部件文件】对话框，默认【NX Nastran】模板，默认生成的模型名称【M0100_底座_fem1.fem】，其格式和扩展名发生了变化；根据需要单击【文件夹】下拉列表右侧的按钮，选择模型文件的存放路径，单击【确定】按钮。

提示

仿真导航器可在 CAE 模型中以图形化、交互式、层次结构树的形式显示文件相互的从属或者并列关系。仿真导航器中适用于节点的命令是上下文关联的，并且可能因所选求解器和分析类型而异。右键单击结构树中的任何节点，即可查看该节点的命令。

弹出图 1-6 所示的【新建 FEM】对话框，观察对话框中的【FEM 名称】【理想化部件名称】（注意和 FEM 模型名称的区别）和求解器环境中的【求解器】【分析类型】，默认对话框中所有的选项，单击【确定】按钮，即可进入 FEM 环境界面。

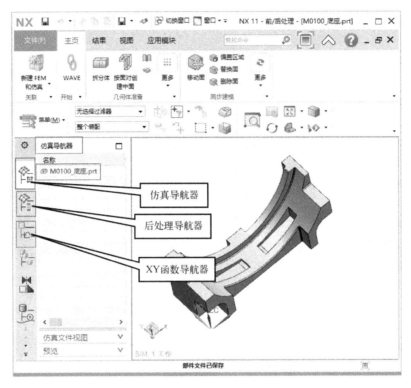

图 1-3   NX 11.0 前/后处理空白界面

图 1-4   新建 FEM 菜单   图 1-5   【新建部件文件】对话框

图 1-6 【新建 FEM】对话框

1.2.2 认识 NX FEM 环境界面

1）如图 1-7 所示即为 FEM 环境的主界面，工具栏菜单主要包括【关联】【属性】【多边形几何体】【网格】【连接】【检查和信息】【实用工具】7 个功能模块，每个模块又包括若干个具体的操作命令。其中，最为常用的功能模块为【属性】【网格】【连接】【检查和信息】。

2）注意仿真导航器窗口的变化，单击其特征树下节点【M0100_底座_fem1.fem】和【多边形几何体】前面的加号，展示出所有的特征和节点，观察相互之间的从属关系。显然，导航器窗口采用结构树形式描述出各个模型文件（特征、节点和历史记录）的结构关系，便于对操作历史记录进行合理分类，以及后续的查找和使用。

3）在 FEM 环境中可以完成定义材料（指派材料）、定义物理属性、定义网格收集器、网格划分和检查单元质量等操作步骤；如果分析对象为装配组件，可以进一步通过网格配对、1D 连接、螺栓连接、焊接网格和面接触等命令，实现零件与零件之间的连接或者接触，完成构建 FEM 模型的所有工作。

1.2.3 认识 NX 理想化环境界面

如果主模型中的细节特征或者几何要素对整个分析结果影响不大，那么可以使用 NX 高级仿真提供的理想化环境，对此类的几何结构进行抑制或者删除，如图 1-8 所示，单击理想化模型【M0100_底座_fem1_i.prt】，右键单击弹出的【设为显示部件】，即可进入理想化模型环境，在构建 FEM 模型之前对主模型中的相关细节特征进行处理。

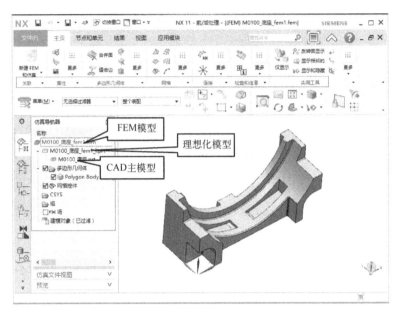

图 1-7　FEM 环境主界面

图 1-8　进入理想化环境的操作

1）弹出图 1-9 所示的【理想化部件警告】对话框，勾选其中的【不再显示此消息】复选框，并单击【确定】按钮。

图 1-9　【理想化部件警告】对话框

2）进入图 1-10 所示的理想化环境主界面，单击工具栏中的【提升】 按钮，弹出【提升体】对话框，在工作窗口中单击底座模型，单击【确定】按钮，该操作完成了对主模型的复制，而复制的模型（可以称之为理想化模型的原型）允许进一步对细节特征和其他几何结构进行编辑或者删除。

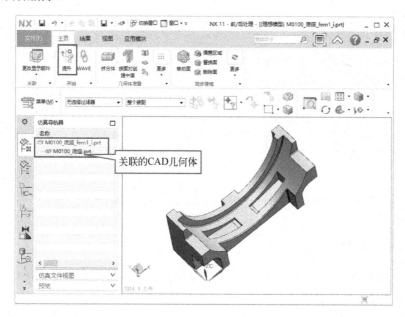

图 1-10 理想化环境主界面

提示

在理想化环境中必须对 CAD 主模型进行提升体或者几何链接操作，是符合 CAE 工程师不具备对主模型进行修改权限的产品设计规定。

3）简单举例：利用工具栏中的【删除面】命令，对底座上小尺寸圆角特征（圆角半径小于 2mm）进行删除，如图 1-11 所示为处理前后的模型对比，具体操作不再赘述。

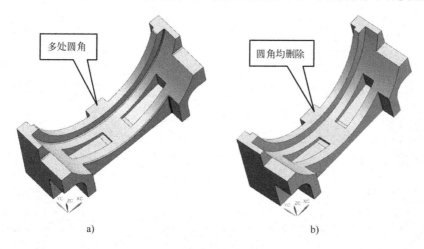

图 1-11 模型处理前后的对比

a) 提升体模型　b) 理想化处理后的模型

4）在仿真导航器窗口，单击【M0100_底座_fem1_i.prt】，右键依次展开【显示 FEM】和【M0100_底座_fem1.fem】选项，如图 1-12 所示，单击【M0100_底座_fem1.fem】，弹出

【CAE 多边形体更新日志】信息对话框并关闭，即可完成理想化模型处理任务，切换至 FEM 模型环境。

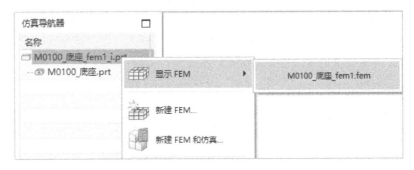

图 1-12　从理想化环境切换至 FEM 环境的操作

1.2.4　认识 NX SIM 环境界面

1）在 FEM 环境中完成指派材料、定义物理属性、定义网格收集器、网格划分和检查单元质量等操作任务，具体操作不再赘述。

2）观察仿真导航器窗口中特征树及其各个子节点以及相互之间从属关系的变化，如图 1-13 所示，单击【M0100_底座_fem1.fem】，右击弹出的【新建仿真】命令。

3）弹出【新建部件文件】对话框，默认【NX Nastran】求解器，默认新建 SIM 模型名称【M0100_底座_sim1.sim】，设置模型文件的存放路径，单击对话框中的【确定】按钮。

4）弹出图 1-14 所示的【新建仿真】对话框，默认所有选项，单击对话框中的【确定】按钮。

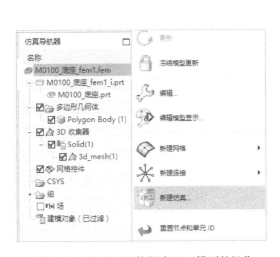

图 1-13　从 FEM 环境新建 SIM 模型的操作

图 1-14　新建仿真对话框

5）弹出图 1-15 所示的【解算方案】对话框，默认所有选项及其相关参数，单击对话框中的【确定】按钮。

图 1-15　【解算方案】对话框

6）如图 1-16 所示即为 SIM 环境的主界面，工具栏菜单主要包括【关联】【属性】【载荷和条件】【解算方案】【检查和管理】【实用工具】6 个功能模块，每个模块又包括若干个具体的操作命令。其中，最为常用的功能模块为【载荷和条件】。

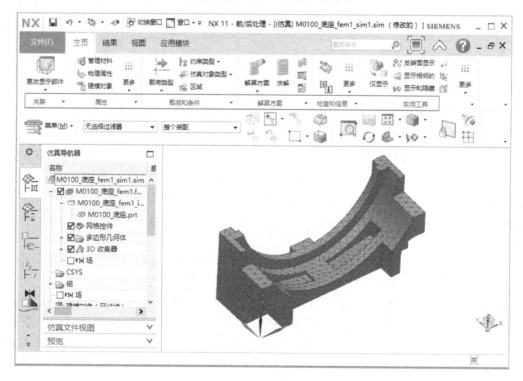

图 1-16　SIM 环境主界面

7）注意仿真导航器窗口特征节点的变化，如图 1-17 所示展示了新建的第 1 个解算方案【Solution 1】及其各个子节点，其中【仿真对象】用于对装配模型的零件进行面面胶合、边面胶合和面面接触等连接处理；【约束】用于对模型施加各类边界约束条件（比如固定约束、简支约束等）；子工况【Subcase-Static Loads 1】作为第 1 解算方案中的第 1 个静态载荷工况，其子节点【载荷】用于对模型施加各类载荷（比如力、压力等）；观察到【结果】下的节点【Structural】处于灰色状态（完成定义边界条件和载荷条件并求解成功后，才呈现亮色）。

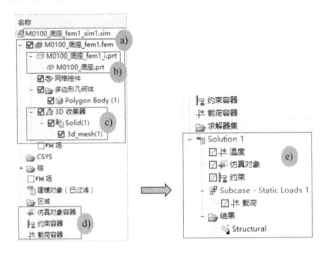

图 1-17　SIM 环境中仿真导航器窗口的各个特征节点

a) 组合 FEM 文件（包含 FEM 模型、理想化模型和网格体等）　b) 关联的 CAD 几何体

c) 网格收集器和网格体　d) 仿真对象、约束和载荷　e) 解算方案和结果

提示

对一个 SIM 模型可以进行创建多个 Solution 解算方案，为了辨认方便，可以对多个解算方案进行重命名操作，同样可以对各个特征节点进行重命名操作。

对于多个解算方案，如果需要对其中某一个解算方案进行编辑操作，需要采用激活命令，且处于激活状态的解算方案以蓝色字体显示。

8）简单举例：利用工具栏中【载荷和条件】的相关命令，对底座模型施加边界约束条件和相关载荷，如图 1-18 所示为施加边界条件前后模型的对比，具体操作不再赘述。完成施加边界条件（施加约束、载荷和仿真对象等）之后，即可进入求解解算方案的操作。

1.2.5　认识 NX 解算方案求解环境界面

1）如图 1-19 所示，单击仿真导航器窗口中的【Solution 1】，右键弹出菜单单击【求解】命令。也可以单击工具栏【解算方案】中的【求解】按钮。

2）弹出图 1-20 所示的【求解】对话框，默认其选型，单击【确定】按钮。

3）依次弹出图 1-21 所示的求解【信息】对话框，查看有关【错误汇总】信息；弹出图 1-22 所示的【Solution Monitor】（解算方案监视）对话框；弹出图 1-23 所示的【Review Results】（查看和核对结果）对话框；弹出图 1-24 所示的【分析作业监视】对话框，稍等其列表框内出现【完成】字样，即可依次关闭上述 4 个对话框。

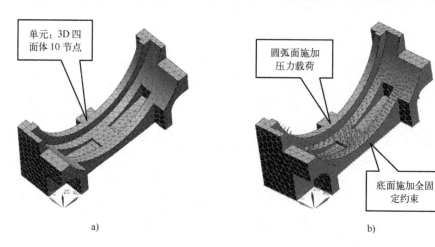

图 1-18　施加边界条件前后模型的对比

a) FEM 模型（网格模型）　b) SIM 模型

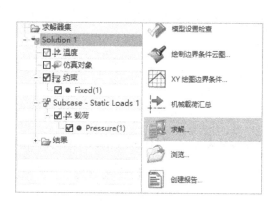

图 1-19　求解操作步骤

图 1-20　【求解】对话框

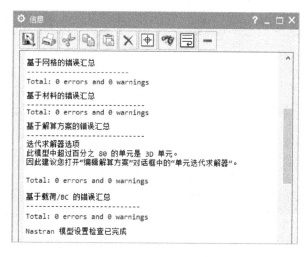

图 1-21　求解【信息】对话框

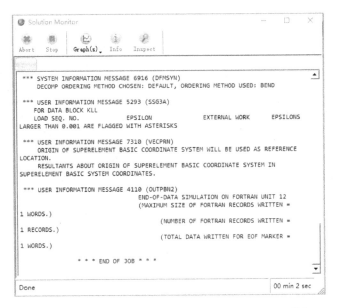

图 1-22 【Solution Monitor】（解算方案监视）对话框

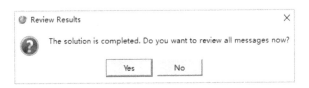

图 1-23 【Review Results】（查看和核对结果）对话框

4）如图 1-25 所示，单击仿真导航器窗口【结果】的子节点【Structural】，右键单击出现【打开】选项，或者直接双击【Structural】，即可进入后处理环境主界面。

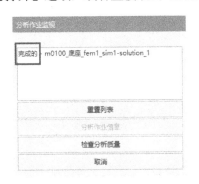

图 1-24 【分析作业监视】对话框

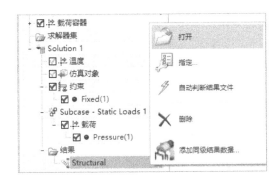

图 1-25 打开结果操作

1.2.6 认识 NX 后处理环境界面

1）如图 1-26 所示即为后处理环境的主界面，工具栏菜单主要包括【关联】【布局】【后处理】【动画】【操作】【XY 图】6 个功能模块，每个模块又包括若干个具体的操作命令。其中，最为常用的功能模块为【后处理】和【动画】。

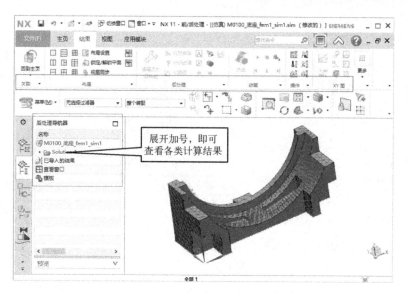

图 1-26　后处理界面

2）在资源条上，【后处理导航器】 图标被激活，【仿真导航器】 图标处于待激活状态，根据操作任务的需求，两者之间可以切换。

3）在后处理导航器窗口，依次单击【结构】选型的加号、【位移-节点】的加号，如果需要查看 Z 方向某节点变形位移，如图 1-27 所示，右键单击【Z】弹出【绘图】 选项，或者双击【Z】，在仿真导航器窗口的【查看窗口】新增一个【云图】特征节点，展开【Post View】及其子节点【3D 单元】和【注释】，勾选【注释】的子节点【Maximum】和【Minimum】。

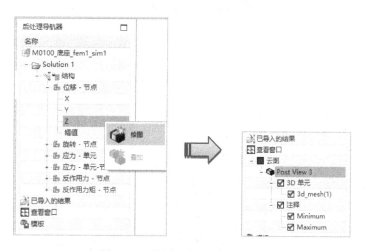

图 1-27　绘图操作及其云图节点

在如图 1-28 所示的工作窗口中出现位移云图，其基本格式由模型（单元变形和光顺颜色显示）、文件头、颜色数值条和最大值/最小值注释等组成，其中颜色条和模型的颜色相对应，从而判断模型上相应结果的数值，进一步精确查看后处理模型单元或者节点的数值，或者查看其他结果类型（比如应力或者反作用力）及其操作，在后面章节中再对此详细介绍。

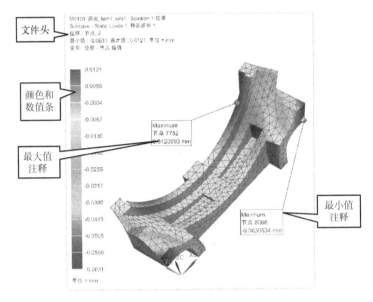

图 1-28　位移-节点云图及其基本格式

1.2.7　认识 NX 分析报告界面

1）单击仿真导航器窗口中的【Solution 1】，右键弹出菜单并选择【创建报告】命令，也可以单击工具栏【解算方案】中的【创建报告】按钮，弹出【在站点中显示模板文件】对话框，可以单击并选中其中的模板文件【SPLM_Demo_Report_Template_01】，单击【OK】按钮。

2）单击资源条的【仿真导航器】图标，在仿真导航器窗口新增了分析报告的相关节点，根据需要可以对相关选项进行编辑，如图 1-29 所示。

图 1-29　报告及其各个节点（允许对其内容进行编辑）

3）完成编辑后单击【报告】，右键单击弹出的【Publish Report】，如图1-30所示。弹出【指定新的报告文档名称】对话框，在【文件名】中输入报告名称并默认文件类型，单击【OK】按钮即可生成一份规范的分析报告。

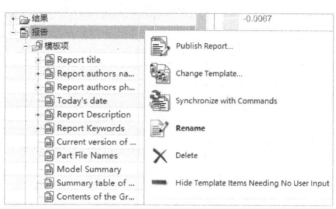

图1-30　公布报告操作

1.2.8　认识退出各级文件的操作方法

1）在后处理环境界面，单击工具栏【关联】中的【返回到模型】按钮，同时单击资源条中的【仿真导航器】按钮，即可切换到SIM环境界面。

2）同样，单击仿真导航器窗口的【M0100_底座_fem1.fem】并右键单击弹出的【设为显示部件】，即可切换到 FEM 环境界面；单击仿真导航器窗口的【M0100_底座_fem1_i.prt】并右键单击弹出的【设为显示部件】，即可切换到理想化模型环境界面；单击仿真导航器窗口的【M0100_底座.prt】并右键单击弹出的【设为显示部件】切换高级仿真空白界面，进一步单击主菜单中的【应用模块】及其出现的【建模】按钮，即可切换到 NX 建模的主界面。

1.2.9　认识打开各级文件及的操作方法

1）启动NX 11.0，进入NX空白界面，单击工具栏中的【打开】按钮，弹出【打开】对话框，选择文件所在的路径及其文件夹，根据操作需要，切换【文件类型】，比如切换【文件类型】为仿真文件（*.sim），选择前面完成的【M0100_底座_fem1_sim1】文件，单击【OK】按钮，即可进入到SIM环境界面。

2）查看仿真导航器窗口中的状态栏，根据需要可以对未加载的文件进行加载操作；同时按照上述方法，可以在建模环境、理想化环境、FEM 环境中进行相互切换，对相关特征或者节点进行编辑或者补充。

提示

在 FEM 环境中对网格和单元类型进行编辑，需要进行更新操作，或者在 SIM 环境中对边界条件进行编辑，对解算方案参数进行编辑等，最终需要对解算方案重新进行求解。

1.2.10 认识 NX 有限元结果文件

分析对象以名称为 AAA.prt 模型为例，从建模开始到分析结束，会在相应的文件夹内生成不同类型的输入和输出文件，各个文件类型及其含义见表 1-1。

表 1-1 各个文件类型及其含义

序号	名称	类型	含　义
1	AAA	NX part 文件	分析用的主模型，三维 CAD 模型
2	AAA_fem1_i	NX part 文件	第 1 个理想化模型，如果出现 2，意味这是第 2 个理想化模型，以下含义类推
3	AAA_fem1	NX 有限元模型	第 1 个有限元模型，包含求解器类型、材料、物理属性和网格等信息
4	AAA_sim1	NX 仿真模型	第 1 个仿真模型，包含分析类型、边界条件和求解参数等信息
5	AAA_sim1-solution1.DAT	DAT 文件	第 1 个输入文件，包括材料、边界、载荷、求解要求等信息
6	AAA_sim1-solution1.log	文本文档	第 1 个求解方案的日志文件（历史进程记录）
7	AAA_sim1-solution1.diag	DIAG 文件	第 1 个求解方案的调试文件，用记事本打开
8	AAA_sim1-solution1.f04	F04 文件	第 1 个求解方案 F04 文件，包括数据库文件信息、求解过程信息摘要，用记事本打开
9	AAA_sim1-solution1.f06	F06 文件	第 1 个求解方案 F06 文件，包括了 NX Nastran 的求解状态、输出结果和错误信息等
10	AAA_sim1-solution1.op2	OP2 文件	第 1 个求解方案 OP2 文件，包括了 NX Nastran 的分析结果，为二进制文件，通过后处理导航器可以导入的结果文件
11	AAA_sim1-solution1-报告.rprt	RPRT 文件	第 1 个求解方案的报告文件

提示

解算方案求解失败或者无法生成结果，可以用记事本打开 F06 文件，查找【fatal】关键词，一般可以根据提示信息，查找出操作失败的原因。

结果文件会占用计算机的存储容量，有些文件可以删除，比如 DAT、LOG、F04 等；而 OP2 文件是最为完整的后处理和结果数据文件，则不能删除。

1.3 认识 NX 有限元分析工作流程

1.3.1 认识 NX 有限元分析的主要步骤

就操作流程来说，NX 有限元和其他有限元分析软件一样分为前处理、求解和后处理三大步骤，而具体的操作步骤、命令、参数定义和结果显示方式等有所不同，下面介绍静力学有限元分析的一般操作流程。

（1）创建 CAD 模型

三维模型在 NX 有限元分析中称为主模型，它是有限元分析和计算的几何基础，并且仿真模型和三维主模型是关联的，因此构建合理的、参数化的主模型，可以大大提高仿真和优化计算的速度和效率。

　　另外，NX 也可以导入由其他 CAD 软件构建的模型和中间格式的数模，常见的导入和转换类型有 STP、IGS、DWG 和 DXF。

　　（2）编辑 CAD 模型

　　为提高计算的效率，对仿真计算和分析结果影响不大的细节结构和几何特征，可通过建模中的编辑、简化体、特征抑制等命令进行处理，不让它们进入到后续的前/后处理模块。

　　另外，对于导入其他几何格式的数模，在分析几何体的基础上，可以采用强大的同步建模技术进行清理和优化，这为大、杂、繁类型的模型前处理提供了极大的便利。

　　（3）创建前/后处理环境

　　处理 CAD 数模后，单击【应用模块】中的【前/后处理】图标，进入图 1-3 所示的前/后处理界面，在仿真导航器的树状列表框中，选中欲进行仿真计算的主模型节点，单击右键后出现一个图 1-4 所示的快捷菜单并有 3 个选项可供进一步的操作。

　　1）【新建 FEM】是指在主模型或者优化模型的基础上创建一个有限元模型节点，需要设置的主要内容包括定义模型的材料属性、物理属性、网格属性和网格划分。

　　2）【新建 FEM 和仿真】是指同时创建有限元模型节点和仿真模型节点，其中仿真模型需要创建的内容包括边界约束条件（包括模型与模型之间的网格连接方式，也称之为建立仿真对象）、载荷类型。

　　3）【新建装配 FEM】是指像装配 Part 模型一样对 FEM 模型进行装配，非常适合对大装配部件进行有限元求解之前的前处理。

　　提示

　　建议初学者单击【新建 FEM】，完成好 FEM 模型的构建、参数定义、网格划分和单元质量检查后，再创建新的 SIM 模型。

　　一个主模型可以构建多个理想化模型（Idealize Part），一个理想化模型可以构建多个FEM 模型；一个 FEM 模型可以构建多个 SIM 模型；一个仿真模型可以构建多个解算方案类型；一个仿真结果可以构建多个显示方式。

　　（4）创建理想化模型

　　如果主模型中有些细节结构和几何特征对整个分析结果影响不大，同时为了不破坏主模型的任何几何构造，在理想化环境中首先对主模型进行提升或者 WAVE（几何链接）操作，进一步对此类微细的几何结构进行编辑、抑制或者删除，完成模型的理想化操作。

　　理想化主模型的功能、主要命令及其解释如图 1-31 所示，根据主模型简化和后续网格类型的构建（比如 2D 网格的构建，往往需要进行【中面】操作）、加载区域的设置（比如模型上局部区域加载，往往需要进行【再分割面】操作）等实际情况和需要，再进行相应的选用和操作。

　　提示

　　建议初学者构建主模型时稍微简单些，即可省略该操作步骤；一旦发现有限元模型中网格划分困难或者失败，可再返回到该操作步骤对模型进行简化或者优化。

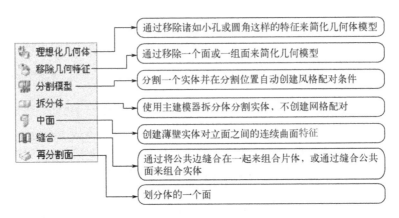

图 1-31　优化模型具有的功能

（5）创建 FEM 模型

操作步骤主要包括对分析模型赋予材料、定义物理属性、定义网格属性（包括 0D、1D、2D、3D 等网格类型，其中 3D 网格细分四面体、五面体和六面体等单元类型）、（有必要）建立网格连接（包括网格配对、1D 连接、螺栓连接和焊接网格等连接类型），最后划分网格（建议采用自动划分单元大小）。常见网格划分和更新操作有以下几种情况：

1）如果需要对主模型或者理想化模型进行更改或者进一步优化，网格划分则需要进行【更新】操作，才能进入下一步的操作。

2）如果需要提高解算方案的求解精度，适当减小整体模型的单元大小，网格划分则需要进行【更新】操作，才能进入下一步的操作。

3）如果需要对局部的网格（局部区域、某个圆柱面、某个棱边等）进行细化，可采用【网格控件】命令进行相关操作，进一步通过【更新】操作，才能进入下一步的操作。

（6）检查单元质量

1）完成构建有限元模型的操作后，可以利用【节点/单元】命令，查看各个节点或者单元的编号。

2）可以利用【有限元模型汇总】命令来查看单元总数、节点总数、单元数量、物理属性和材料属性等基本信息。

3）更为重要的是，可以利用【单元质量】命令来查看单元的质量，质量有【常规几何检查】【特定几何检查】2 个选项，其中【特定几何检查】包括【宽高比】【歪斜角度】【内角】【翘曲度】等性能指标，各个指标又包括【警告限制】【错误限制】2 类参数，默认值尽量不要修改。

提示

仿真分析结果的准确性很大程度上依赖于单元的质量，每一类单元都有理想的形状和阈值控制指标，当模型中单元的实际参数与阈值相差较大时，其解算结果的准确度会大大降低，甚至与实际结果背道而驰。

从实践经验的角度来说，检查单元后不允许出现【错误】单元，允许比例不超过 5%的【警告】单元。

（7）创建 SIM 模型

利用【约束类型】命令，设置仿真模型的边界条件；利用【模型对象】命令，设置模型之间的接触条件和连接方式；利用【载荷类型】命令，设置各个类型的载荷及其大小，其中解算方案类型为 SOL103 实特征值（模态分析）时可以省略该步骤。

（8）仿真模型检查

在模型求解之前，可以通过【仿真信息汇总】命令来查看【网格汇总】【载荷汇总】【约束汇总】【解算汇总】【解算过程汇总】等信息。

通过【模型设置检查】命令来查看【基于网格的错误汇总】【基于材料的错误汇总】【基于解算方案的错误汇总】【迭代求解器选项】【基于载荷/约束的错误汇总】等错误或者警告信息。

如有上述错误或者警告信息的提示，则分别在仿真模型环境或者返回到有限元模型环境中做进一步的检查和修改。

（9）仿真模型求解

单击【Solution（解算方案 n）】解算方案并选择弹出的【求解】命令，或者直接单击工具栏中的【求解】按钮，弹出图 1-20 所示的【求解】对话框，在【解算方案】的【提交】选项中有 4 种模式：直接求解，写入求解器输入文件，求解输入文件，写入、编辑并求解输入文件，其中直接求解为默认方式，也是一般有限元计算中最为常用的一种提交模式。

一般默认软件自动进行模型设置检查，即完成了上述（8）步骤的操作。

如果需要增加输出【加速度】【作用载荷】【接触结果】【应变】等结果的请求，可以单击【求解】对话框中的【编辑解算方案属性】按钮，即对求解方案的相关参数进行编辑。

如果需要对许可证类型、求解器版本和求解结果文件的临时存放目录进行改动，可以单击【求解】对话框中的【编辑求解器参数】按钮。

如果需要对输出结果的单位、输出结果文件名和数据格式等进行改动，可以单击【求解】对话框中的【编辑高级求解器选项】按钮。

在求解过程中，依次弹出【求解信息】【Solution Monitor】【Review Results】【分析作业监视】4 个对话框或者提示栏，稍等，【分析作业监视】内出现【完成】，即可依次关闭上述 4 个对话框，同时在【仿真导航器】中出现【结果】及其子节点【Structural】（解算成功的话，其字体为亮色），意味着可以进入后续的仿真后处理显示操作了。

（10）仿真模型后处理

进入【后处理导航器】窗口，一般结构有限元分析都具有【位移-节点】【旋转-节点】【应力-单元】【应力-单元-节点】等查看的选项和指标，整体模型、各个单元或者单元上的节点都可以选用不同的显示形式，也可以采用图表格式来描述模型上局部区域结果的规律情况。

提示

解算和分析类型不同，输出结果和性能指标的种类有所不同，在新建仿真模型操作或者求解之前，根据需要在【解算方案设置】中的【Output Requests】（输出请求）进行相应的选取。

（11）输出仿真报告

上述解算结束后可以单击工具栏【解算方案】中的【创建报告】 ![icon] 按钮，选用报告模板文件即可在仿真导航器窗口出现【报告】及其相关内容的子节点（报告标题、报告者、报告者联系方式、报告简况、模型名称、模型摘要、材料、载荷和边界条件等栏目），还可以对相关节点内容进行编辑或者抓取相关图像（或者动画），最后保存或者发布报告，得到一份完整的有限元分析报告。

1.3.2 认识 NX 有限元分析工作流程的框图

为了更好地认识和熟悉操作流程，清晰地表达 NX 有限元涉及各个模型或者文件的并列关系、递进关系和从属关系，对上述工作流程进行了框图描述，如图 1-32 所示。

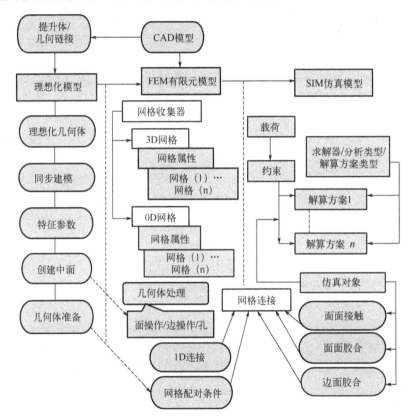

图 1-32　NX 有限元工作流程的框图描述

1.4　认识 NX 有限元分析基础知识

1.4.1 认识常见单元类型及其应用场合

（1）常见单元类型及其应用场合

有限元分析的重要步骤是将一个整体实体模型分割成具有特定形状和属性的若干个单元

（单元由若干个节点组成，单元与单元依靠相邻节点的连接，分割的方法称之为网格划分），单元质量和网格划分的优劣是决定计算精度的重要环节，特别是对于大型和复杂模型来说，网格划分相当耗时；对于一般模型，虽然通过自动单元网格划分技术可以获得较为满意的结果，但是对于一些具有典型特征的零件来说，一味地减少单元大小对提供计算精度没有益处，只会大大增加计算的时间。因此，对于初学者来说，有必要去认识和掌握典型单元的类型、应用场合及其网格划分的方法和技巧。

根据实际零件几何形状和尺寸的特点，可以将模型划分为 0D（零维单元，也称标量单元或者点单元）、1D（一维单元，也称为线性单元）、2D（二维单元，也称为面单元）和 3D（三维单元，也称为实体单元）单元等，NX Nastran 提供了单元库中常见的单元类型、命令、名称、描述及其应用场合，见表1-2。

表1-2　单元类型及其使用场合

类型	前处理常用命令	名称	描　述	应　用　场　合
0D	0D 网格	CONM2	集中质量	刚体形式的集中质量单元连接
		CELAS2	标量弹簧单元	标量弹性属性的连接，如弹簧、阻尼器等
1D	1D 网格或者：1D 单元截面	CBUSH	广义弹簧单元	定义广义弹性和阻尼结构单元，该单元可以是非线性单元，也可以是与频率相关的单元
		CROD	杆单元	定义拉伸、压缩或者扭转的单元，但不能包含弯曲
		CBAR	普通梁单元	定义一个简单梁，单元属性 PBAR 或者 PBARL
		CBEAM	复杂梁单元	定义一个复杂梁，允许变剖面性质，中性轴、重心轴与剪心轴不要求重合，允许剖面的翘曲
2D	2D 网格或者：2D 映射网格	CTRIA3	3 节点三角形薄壳	定义等参数薄壳弯曲或者平面应变，单元属性 PSHELL
		CQUAD4	4 节点四边形薄壳	定义等参数薄壳弯曲或者平面应变，单元属性 PSHELL
3D	3D 四面体	CTETRA(10)	10 节点四面体（4 个角点+6 个棱边中点）	实体单元，单元属性 PSOLID
	3D 扫掠网格	CHEXA(8)	8 节点六面体（8 个角点）	
		CHEXA(20)	20 节点六面体（8 个角点+12 个棱边中点）	
3D 混合	3D 混合网格	四面体+六面体+五面体（棱锥体）的混合	自动创建 3 个实体网格	

（2）网格划分和单元类型选用的注意事项

1）对于模型中的所有有限元单元，都有唯一的单元标识号（一般自动标识，可以查看），绝不能按不同单元类型重复使用单元标识号。

2）不同类型单元的定义参数有所区别，在单元定义过程中有很多的默认参数，需要理解其含义和对单元质量的影响程度。

3）每个单元有自己的单元坐标系，这类坐标系是由连接次序或由其他单元数据定义的，单元的输出量（例如单元力或应力）是以单元坐标系输出的。

4）不同类型的单元计算精度有所区别，且每种类型的单元都有它自己的定义属性、定义参数和使用场合。

1.4.2 认识边界条件及其应用场合

（1）认识常见载荷类型及其应用场合

NX 前处理的边界条件包括载荷、约束和仿真对象三大类型，其中载荷类型、常用载荷命令、载荷操作类型和应用场合如表 1-3 所示。

表 1-3 常见载荷类型及其应用场合

载荷类型	常用命令	操 作 类 型	应 用 场 合
力载荷		使用幅值和某个方向来定义力载荷 使用法向（垂直于选定的几何体或者单元）来定义力载荷 使用分量（X 向分量、Y 向分量和 Z 向分量）来定义力载荷 使用多边形边或者面来定义力载荷 使用节点 ID 表来定义力载荷	应用于定义力载荷的幅值和方向的场合
压力		使用垂直于 2D 单元或者 3D 单元面来定义压力载荷 使用垂直于 2D 实体单元的压力载荷 使用分量来定义压力载荷 使用径向或者轴向分量来定义压力载荷	应用于沿任何方向对多边形边、多边形面、曲线和单元均匀施加压力载荷的场合，施加方式取决于具体的压力载荷类型
力矩		同"力载荷操作类型"	应用于集中力矩的场合，施加在模型节点的旋转自由度方向
扭矩		使用圆柱或者圆柱形状的几何体，并指定轴承载荷方向来定义扭矩	应用于圆柱面或者圆形棱边（曲线、多边形面或者多边形边） 扭矩载荷的方向遵循右手定则
轴承载荷		使用圆柱面或者圆形棱边的几何体来定义轴承载荷	应用在有传动轴轴承上垂直于圆柱面或者圆形棱边上、按照一定规律（正弦曲线或者抛物线）分布的压力
重力		使用幅值和方向来定义重力载荷 使用分量来定义重力载荷	应用于考虑重力条件，或者平移加速度载荷的场合，加速度只能应用于整个模型上
离心力 （旋转载荷）		使用角速度来计算旋转轴惯性力的法向分量 使用角加速度来计算旋转轴惯性力的切向分量 操作时，选择整个模型或者部分模型，并指定旋转轴的矢量和旋转原点	应用于模型围绕固定轴做旋转运动时产生的惯性力
离心压力		选择要施加压力的几何体或者网格体，需要指定旋转轴的矢量和旋转原点	用来创建径向变化的离心压力载荷，离心压力是作用在实体几何体表面的压力分布，常用于流体和气体作用场合，区别于离心力载荷的应用场合

施加载荷操作的注意事项如下所示：

1）很多载荷类型，比如力载荷、压力载荷等，可以定义为常数值，也可以定义为非常数的表达式形式，或者定义为随坐标方向、时间、频率或者温度变化方式的场函数。

2）施加载荷的对象可以是几何体（例如曲线、点、网格点、多边形面或者多边形边），也可以是单元上的某个节点。如果在几何体上定义力载荷，软件自动会将力载荷映射到对应的节点上。

3）施加载荷操作必须在仿真文件环境（即仿真文件为工作部件或者显示部件）和一个处于激活状态的解算方案中进行。

（2）认识常见约束类型及其应用场合

NX 前处理的边界条件包括载荷、约束和仿真对象三大类型，其中约束类型、常用约束命令、定义和应用场合见表 1-4。

表1-4　常用约束类型及其应用场合

约束类型	常用命令	定义和应用场合
用户自定义		在任何单独节点或者单元或者多边形边或者多边形面的 6 个自由度上，施加固定或者自由或者位移的约束
固定约束		在节点或者单元或者多边形边等几何对象的 6 个自由度上，全部施加固定约束
固定平移约束		对几何对象的 3 个平移自由度进行固定约束，释放其他 3 个旋转自由度
固定旋转约束		对几何对象的 3 个旋转自由度进行固定约束，释放 3 个平移自由度
销钉约束		在圆柱坐标系中对几何对象的 R（径向）平移和 Z（轴向）平移自由度进行约束，释放 T（周向）旋转自由度
滚子约束		释放滚动轴的平移和旋转自由度，而固定其他方向的自由度
简支约束		在 Z 轴的平移自由度被固定，其他方向 5 个自由度被释放
滑块约束		除了移动方向的自由度不被固定之外，其他 5 个方向自由度均被固定

（3）认识常见仿真对象及其应用场合

NX 前处理的边界条件包括载荷、约束和仿真对象三大类型，其中仿真对象类型、常用命令、定义和应用场合见表 1-5。

表1-5　常用仿真对象类型及其应用场合

仿真对象	常用命令	定义和应用场合
面对面接触		定义两个曲面之间的接触类型，两个曲面之间有相对滑动的趋势
面对面胶合（面对面粘结）		定义两个曲面之间的连接，两个曲面之间接近于固定状态
边到边胶合（边到边粘结）		定义两个边之间的连接，两个边之间接近于固定状态
边到面胶合（边到面粘结）		定义 1 个边和 1 个面之间的连接，边和面之间接近于固定状态

1.4.3 认识有限元分析文件的数据结构关系

（1）认识文件的类型和内容

从数据结构的角度来看，NX 前/后处理是由主模型（part 模型）、理想化模型（part_i 模型）、有限元模型（fem 模型）和仿真模型（sim 模型）这 4 个独立而关联的文件组成的从属关系，从而方便了对各类数据文件（扩展名不同）及其历史记录（特征节点）的操作、修改和管理。在有限元分析过程中，在仿真导航器窗口可以清楚地查看哪些数据和文件存储在哪个文件中，哪个文件是根节点并包含了哪些具体的子节点，以及它们各自的含义、参数和上下级的从属关系。

以根节点【M0100_底座.prt】及其各个子节点为例，在仿真导航器窗口可以清楚地看到其相互的从属关系，如图 1-33 所示，对各个节点的含义、内容和特点进行如下描述。

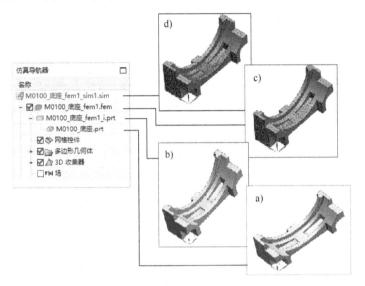

图 1-33　四个模型文件及其节点的关系图

a) prt 模型（有圆角）　　b) i.prt 模型（去圆角）　　c) FEM 模型（网格化）　　d) SIM 模型（边界条件）

1）主模型文件【M0100_底座.prt】包含主模型部件和未修改的部件几何体。如果在理想化部件中使用部件间表达式，主模型部件则具有写锁定（仅在使用主模型尺寸命令直接更改或通过优化间接更改主模型尺寸时，会发生该情况）。大多数情况下，主模型部件将不更改，也根本不会具有写锁定。写锁定可移除，以允许将新设计保存到主模型部件。因此，模型特征移除而产生的所有更改，都会应用于理想化部件。

2）理想化模型文件【M0100_底座_fem1_i.prt】包含理想化部件，这是对主模型部件的一个装配和复制（提升体或者几何 WAVE 链接）。根据网格划分需要，对理想化部件执行几何体的理想化操作（运用抽取或简化等命令），而不修改主模型部件。同时，可以将多个理想化模型文件与同一个主模型部件相关联。

3）有限元文件【M0100_底座_fem1.fem】包含材料、物理属性、网格（节点和单元）、网格连接和节点合并等。FEM 文件中的所有几何体都是多形几何体。多形几何体是实体模型几何体的小平面化表示，为网格划分做好准备。如果对 FEM 进行网格划分，则会对多形几何体进行进一步的几何体提升操作，而不是对理想化部件或主模型部件的网格化操作。FEM 文件与理想化部件相关联。同时，可以将多个 FEM 文件与同一个理想化部件相关联。

4）仿真文件【M0100_底座_sim1.sim】包含所有仿真数据，例如解算方案、解算方案的参数设置、特定仿真对象（例如面面接触、面面胶合等）、载荷、约束和单元相关联数据等等。同时，可以将多个 SIM 文件与同一个 FEM 模型相关联。

（2）认识各个文件之间的数据结构关系

从数据的逻辑结构来看，主模型、理想化模型、FEM 模型、SIM 模型和解算方案的各个文件属于树状结构形式，以根节点【M0100_底座.prt】及其各个子节点为例，它们的树状关系的描述和示例如图 1-34 所示。

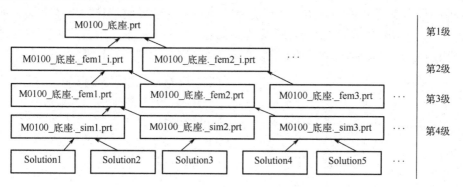

图 1-34　文件的树状关系示意图

（3）认识仿真文件管理的优点

1）需要直接处理 FEM 文件或者 SIM 文件时，不必先打开主模型部件，这样大大提高了工作效率。

2）对于一个理想化部件可以创建多个 FEM 文件，而对于一个给定的 FEM 模型可以创建多个 SIM 文件，这非常有利于多工况的仿真方案进行对比分析和团队分工协助。

3）如果处理大型或复杂模型，可以关闭不在使用的文件，提高计算机资源的使用率。例如进行网格划分时，可以关闭所有文件（FEM 文件除外）来提高工作效率。

1.4.4　认识常见后处理显示方法

（1）认识后处理结果的类型

以解算方案类型【SOL101 线性静态-全局约束】为例，求解成功后在后处理导航器窗口显示出仿真的多个结果，如图 1-27 所示。仿真的结果类型默认情况下包括【位移-节点】【旋转-节点】【应力-单元】【应力-单元-节点】【反作用力-节点】【反作用力矩-节点】6 个指标，更多的结果类型，比如【应变】【加速度】【接触应力】等，可以通过编辑解算方案，在其【工况控制】选项里编辑【输出请求】得到。

常见后处理结果的类型、物理量、性质、含义和常用指标的归纳见表 1-6。

表 1-6　常见后处理结果的类型

结果类型	物理量/单位	性质	含　义	常用指标示例
位移-节点	位移/ mm	矢量	在每个节点上的位移值	X 或者 Y 或者 Z 方向的位移变形量（最大值）
应力-单元	应力/ MPa	矢量	在每个单元（质心）上的应力值	Von Mises（冯氏应力）、最大主力、最大剪切应力
应力-单元-节点	应力/ MPa	矢量	在每个单元的节点上的应力值，每个共享节点的单元在每个节点上都对应一个不同的值，一般采用平均值	Von Mises（冯氏应力）、最大主力、最大剪切应力

（2）认识后处理结果的显示方式

NX 提供了丰富的后处理结果显示方式，下面介绍常用的显示方式。

1）云图显示方式。云图将仿真结果映射到模型上，并用颜色来区分结果值，看起来非常直观。

云图的显示类型很多，如图 1-35 所示，编辑后处理导航器窗口下【云图】的【Post View1】节点，弹出【后处理视图】对话框，在【显示】选项卡【颜色显示】下拉列表框中就有【光顺】【分段】【单元】【等值线】【等值曲面】【球体】【箭头】等各类显示模式。

图 1-35　后处理视图及其显示的选项内容

如图 1-36 所示，以【M0100_底座_sim1.sim】Z 方向的【位移-节点】结果为例，分别采用了【光顺】【等值线】【球体】3 个显示云图的模式。

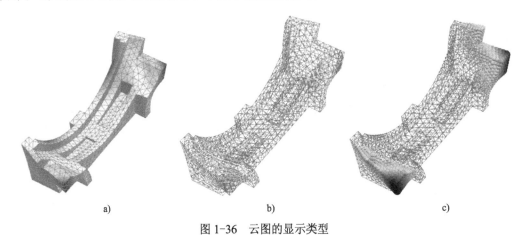

图 1-36　云图的显示类型

a) 光顺云图　b) 等值线云图　c) 球体显示云图

如图 1-37 所示的后处理视图采用了【边和面】的子项【边】，并采用了【特征】显示模式，隐藏了外部的网格。

2）控制显示的比例和参考点。在【后处理视图】对话框，单击【显示】选项卡【变形】右侧的【结果】按钮，弹出【变形】对话框，修改【比例】的数值，即可改变显示模型的变形大小；激活【参考节点】并从模型上选择一个节点，该点即可作为变形的参考节点。

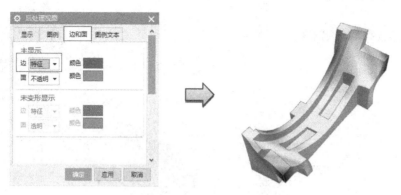

图1-37　特征边显示模式（隐藏了网格）

在【后处理视图】对话框的【显示】选项卡中勾选【显示未变形的模型】复选框，即可在图形窗口同时出现变形模型和原模型，有助于判断变形的情况。

3）显示于切割平面。在【后处理视图】对话框的【显示】选项卡中，将【显示于】下拉列表框中的【自由面】切换为【切割平面】，并单击弹出的【选项】按钮，弹出【切割平面】对话框，在【切割平面】选项中选择矢量方向，拖动该矢量方向的标尺来确定切割尺寸，单击【应用】按钮即可。这有利于下一步查看该截面上任何单元和节点的结果，如图1-38所示，否则只能查看表面网格上的数值，无法查看内部网格单元及其节点上的数值。

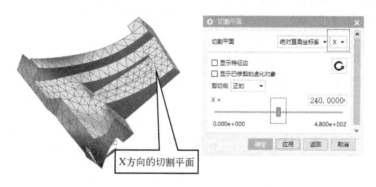

图1-38　切割平面和操作效果

4）注释最大值和最小值。注释显示方法可以查看模型上具体的数值大小。

在后处理导航器窗口，展开【云图】子项【Post View】的子节点【注释】，勾选【注释】复选框，同时激活【Minimum（最小值）】和【Maximum（最大值）】，即可在图形窗口的模型上看到最大/最小值的显示。

进一步编辑【Minimum】和【Maximum】节点，弹出【注释】对话框，对【用户文本】【文本和线条颜色】【框】等选项内容进行修改，如图1-39所示，借助工具栏【拖动注释】命令调整注释方框所在的位置，即可制作一幅清晰的、标识出最大和最小值显示的云图。

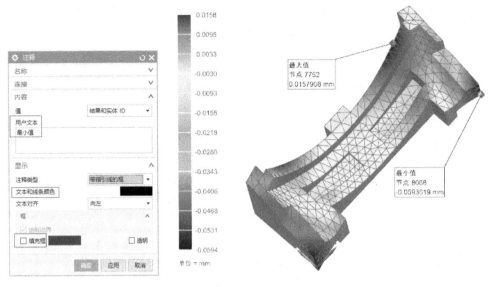

图 1-39　编辑注释和操作效果

5）动画。动画显示可以很好地辨析模型变形的形态，进一步确认模型刚度和强度薄弱区域。

简单的动画演示可以直接单击工具栏【动画】 按钮右侧的【播放】 按钮；也可以单击【动画】 按钮弹出【动画】对话框，单击 按钮即可观看模型动态变化。调整【帧数】和【同步帧延迟（ms）】的数字即可调整动画播放的速度。在动画播放过程中，还可以选择【导出动画 GIF】 命令，制作成 GIF 动画文件。

（3）认识后处理标记结果的方法

切换到【结果】主菜单，选择【后处理】栏目中的【标识结果】 命令，弹出图 1-40所示的【标识】对话框，常用操作选项包括【节点结果】【标记选择】【拾取】及其各自列表框的操作选项，可以查看模型上任何节点、单元、特征边、特征面和局部模型上结果的最大值、最小值和平均值，同时可以标识出相应的节点编号（ID）。

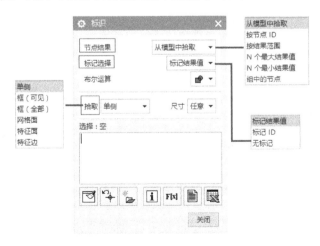

图 1-40　【标识】对话框及其操作内容

以【M0100_底座_sim1.sim】后处理的【位移-节点】结果的显示操作为例，需要显示某一条圆弧边上的位移平均值，先在【标识】对话框【拾取】列表中切换为【特征边】，再在模型上单击该圆弧边，即可在【标识】的列表框中显示该棱边位移的最大值、最小值、节点ID 和平均值等信息。进一步单击【清除高亮显示】 按钮即可清除模型上的标识值；单击【清除选择】 按钮即可清除列表框中的信息。

提示

可以将特定的节点选择保持到组，以便显示或者进一步处理；可以将节点和单元数据保存在电子表格或者逗号分隔的文本文件中，并将节点和单元数据导出至表格场。

为了描述模型上某个区域、某个棱边变形、应变或者应力的变化规律，NX 还提供了路径和图表功能，更加形象和清晰地反映分析的结果。

（4）认识后处理中的坐标系

NX 仿真建模和有限元操作过程中有绝对坐标系（ACS）、工作坐标系（WCS）、局部坐标系、节点位移坐标系和节点参考坐标系等，其中局部坐标系是用户定义的，包括直角笛卡儿坐标系、圆柱坐标系和球坐标系，其中直角坐标系和圆柱坐标系的轴名、各轴位置关系如图 1-41 所示。

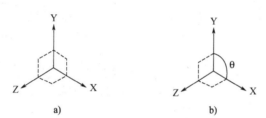

图 1-41　直角坐标系和圆柱坐标系

a) 直角坐标系　b) 圆柱坐标系（R 径向、T 周向、Z 轴向）

在启动后处理结果的显示时，不同的坐标系显示结果有所区别，因此，需要根据仿真建模的坐标系来选用相应的坐标系。以受扭转的圆柱体【位移-节点】显示为例，如图 1-42 所示，该圆柱体底边限制 R/T/Z 3 个平移自由度和 R/T 2 个旋转自由度（释放了其 Z 旋转自由度），顶边施加了扭矩载荷，求解后分别采用箭头显示模式，对比直角坐标系和圆柱坐标系位移变形的云图，显然圆柱坐标系更加清楚、合理地表达出了变形的状态。

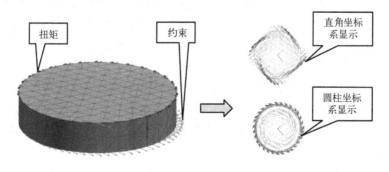

图 1-42　直角坐标系和圆柱坐标系结果显示的区别

（5）认识后处理中多视图布局显示

切换到【结果】主菜单，在【布局】栏目中提供了【单视图】□、【并排视图】Ⅲ、【上下视图】Ξ、【四视图】田和【九视图】囲等多种视图窗口布局方式。以【M0100_底座_sim1.sim】后处理导航器窗口的布局显示操作为例，在窗口上分别单击【位移-节点】【Z】位移节点和【应力-单元-节点】【Von Mises】应力节点并利用【绘图】■命令，最终的并排视图效果如图 1-43 所示。

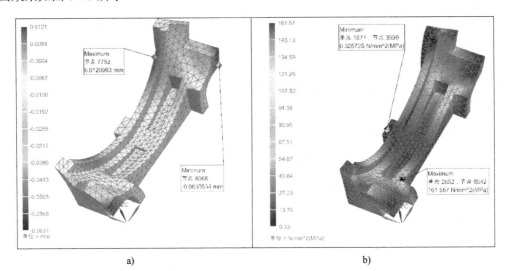

a)   b)

图 1-43　并排视图效果

a) 位移结果视图　b) 应力结果视图

1.4.5　认识常见分析结果的评判方法

（1）评判的一般方法

评价一般机械产品及其零件性能的指标有刚度、强度、疲劳性、稳定性和可靠性等，有限元后处理结果中的位移和应变两个指标对应了刚度，应力指标对应了强度。而有限元分析的结果评价，是指后处理结果（往往是最大值）是否超出了设计的允许值（许用值），如果超差，意味着产品或者零件遭到了破坏，即处于失效状态，因此就需要重新修改和优化CAD 模型，或者改变其边界条件（约束或者载荷）。

当然，具体评价还需要结合产品零件的材料、零件的关键程度及其工况状态等因素。常见的材料包括塑性材料和脆性材料两大类，下面分别叙述这两类材料零件后处理结果中应力指标的评价方法。

（2）应力的评判方法

在拉力作用下，由脆性材料制成的零件只出现很小的变形就可能突然断裂，脆性材料断裂时的应力即强度极限σ_b；塑性材料制成的零件，在拉断之前已出现塑性变形，在不考虑塑性变形力学设计方法的情况下，考虑到零件不能保持原有的形状和尺寸，故认为它已不能正常工作，即工作应力已经超过了设计的许用值。

脆性材料的强度极限σ_b和塑性材料屈服极限σ_s称为产品失效的极限应力。为保证产品和零件具有足够的强度，在外力作用下的最大工作应力必须小于材料的极限应力。但是，在实际产品和零件的强度计算中，必须把材料的极限应力除以一个大于 1 的系数 n（称为安全系数），作为构件工作时所允许的最大应力，称为材料的许用应力，以[σ]表示。

对于脆性材料，许用应力为

$$[\sigma]=\sigma_b/n_b \qquad (1\text{-}1)$$

对于塑性材料，许用应力为 $\qquad [\sigma]=\sigma_s/n_s \qquad (1\text{-}2)$

其中，n_b、n_s 分别为脆性材料、塑性材料对应的安全系数。

（3）安全系数的确定方法

安全系数的确定除了要考虑载荷变化、零件加工精度和工作环境等因素外，还要考虑材料的性能差异（塑性材料或脆性材料）及材质的均匀性，以及零件在产品中的重要性、损坏后造成后果的严重程度等因素。

安全系数的选取，必须体现既安全又经济的设计思想，通常由国家有关部门制定，公布在有关的规范中供设计时参考，一般在静载下，对塑性材料可取 1.5～2.0；脆性材料均匀性差，容易发生突然断裂，会有更大的危险性，所以通常取 3.0～4.0，有时甚至取 7.0～8.0。表 1-7 所示为典型产品常见零件的安全系数规定值。

表 1-7 常见产品零件设计的安全系数

产品行业	典型产品	关键零件	材料/型号	应力状态	安全系数 n_s（或者 n_b）
起重机械	起重机	卷筒轴	45	弯曲应力	$n_s=1.5\sim1.8$
车辆机械	拖拉机	变速箱轴	45	弯扭组合	$n_s=2.0$
锻压机械	水压机	立柱	45	拉弯组合	$n_s=2.0$
内燃机	汽油机	曲轴	QT600-3	扭转疲劳	$n_b=3.0\sim4.0$
港口机械	起重装置	门架	Q235	拉弯组合	$n_b=3.0\sim4.0$
冶金机械	轧钢机	机架	ZG270-500	拉弯组合	$n_b=7.0\sim8.0$
建筑机械	高空电动吊篮	钢丝绳	4*19S-8.3mm	拉应力	$n_s=9.0$

（4）NX 后处理结果的一般评判方法和步骤

以 NX 后处理结果中的 Von Mises（冯氏应力）指标和塑性材料的强度性能评判方法为例，其一般方法和操作步骤如下所示。

● 查看产品设计规范，确定分析模型零件设计的安全系数（n_s）。

● 打开模型材料列表中的信息，查看【屈服强度】值（σ_s）。

● 根据式（1-2）计算出零件设计的许用应力值（σ）。

● 根据模型工作的应力状态，查看后处理窗口中【应力-单元-节点】的【Von Mises】（或者最大应力、最大剪应力等）指标值，和上述的许用应力值相比较，从而判断模型的强度性能是否达标以及达标的程度。

● 如果超标，可以通过修改模型、修改边界条件和修改材料等方法，再一次进行有限元分析和结果评判，直到模型的强度性能达标为止。

1.5　本章小结

1）NX 前/后处理（有限元分析模块）具有综合性的有限元建模和结果可视化的功能，满足了 CAE 工程师评估机械产品刚度、强度、稳定性和耐疲劳等性能的需求。

2）NX 前/后处理包括一整套的前处理和后处理工具，特别是模型简化、网格划分、接触连接和结果显示等方面的操作过程非常简便，并且支持多种产品性能评估解算方案。

3）NX 前/后处理数据结构文件包括 CAD 模型、理想化模型、FEM 模型和 SIM 模型，它们之间具有独立性，又有从属性和关联性，这种结构非常有利于在分布式工作环境中构建有限元模型，并且可以执行多种类型分析。

第2章　底座类零件有限元分析实例
——水箱底座受力分析

本章内容提要

本实例以水箱底座为研究对象，首先对其应用背景及受力情况进行了介绍，概括水箱底座有限元分析的基本流程和思路，建立了水箱底座的 FEM 和 SIM 模型，利用【SOL 101 线性静态-全局约束】进行了线性静力学分析，通过解算后得到了水箱底座应力、位移的云图及其相关数据，最后在拓展模块中介绍了【检查分析质量】的功能和使用方法、六面体网格划分的操作方法以及自定义材料的两种方法等知识点。

2.1　项目描述

底座类零件是机械工程中的常用零部件之一，主要起承受机体载荷、支撑、固定等作用。本章节中所述的底座类零部件为水箱用支撑件，其主要作用是对水箱进行支撑和保护。如图 2-1 所示，底座上方水平放置一圆柱形水箱，水箱重量约为 260kg，水箱底座主要承受径向力，受力面为弧面 A，如图 2-2 所示。

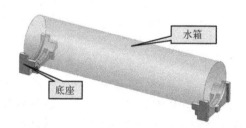

图 2-1　底座与水箱放置情况

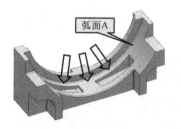

图 2-2　底座受力情况

在 FEM 环境和操作界面中可以查询本实例模型指派材料的物理参数：水箱底座采用尼龙材料，对应 NX 库中的【Nylon（尼龙）】，密度为 1.2e-006 kg/mm^3，杨氏弹性模量为

4e+006 mN/mm^2（kPa），泊松比为 0.4，屈服强度为 58MPa。

2.2 项目分析

有限元软件（包括前/后处理）种类很多，但是有限元一般操作的流程可以归纳为如图 2-3 所示。

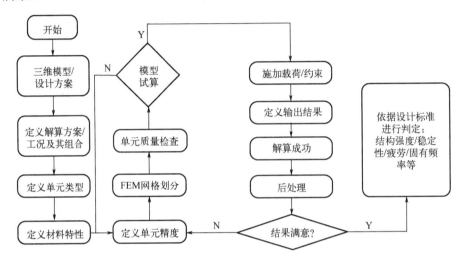

图 2-3　CAE 分析一般操作流程图

本项目水箱底座的有限元分析，采用 NX 进行前/后处理，采用 NX Nastran 作为解算模块，整个高级仿真的基本顺序为前处理、求解、后处理，主要过程如下所示。

1）前处理环节中导入【M0201_底座.prt】三维模型并定义分析类型和解算方案类型，对三维模型进行理想化几何体、定义材料并划分网格、施加载荷、定义约束等操作。

2）对解算方案进行求解。

3）后处理环节中分析该零部件的位移、应力等数据，以确定该零部件是否满足强度、刚度等的设计要求。

另外，【M0201_底座.prt】模型中存在一些圆角，考虑这些细节特征对仿真结果影响不大，为了减少解算时间，允许对其进行模型的简化处理。

结构线性静力学分析是产品/零件结构分析最为基础的部分，主要用于解算线性和某些非线性（例如缝隙和接触单元）结构问题，用于计算结构或者零部件中由于静态或者稳态载荷而引起的位移、应变、应力和各种作用力，这些载荷可以是外部作用力和压力、稳态惯性力（重力和离心力）、强制（非零）位移、温度（热应变）。

本项目采用的解算方案类型为【SOL 101 线性静态-全局约束】，采用【3D 四面体】网格进行单元格的划分；由于水箱底座所支撑产品为圆柱类产品，故底座所受载荷类型为轴承载荷。

本项目所用关键命令有：【移除几何特征】，【3D 四面体网格】中的【CTETRA(10)】，【3D 扫掠网格】，【单元质量】，【约束类型】中的【固定平移约束】，【载荷类型】中的【轴承】，【创建图】等。

提示

1）【SOL 101 线性静态-全局约束】和【SOL 101 线性静态-子工况约束】的区别。

● 全局约束：该解算方案类型可以创建具有唯一载荷的子工况，但是每个子工况均使用相同的约束条件（包括接触条件）。

● 子工况约束：该解算方案类型可以创建多个子工况，每个子工况既包含唯一的载荷又包含唯一的约束，设置不同子工况参数并提交结算作业时，解算器将在一次运行中求解每个子工况。

2）轴承载荷：轴承载荷是一种常见的载荷，在实际结构中应用十分广泛，其主要特点包括：一是载荷在径向一般按照正弦或者抛物线规律发生变化；二是在圆柱面上的载荷沿轴向是恒定的；三是对于圆柱面上的轴承载荷，最大载荷点总是位于圆弧中心上指定的矢量和圆形边界的交点；四是轴承载荷的方向总是垂直于圆柱面或者圆形边缘。

2.3 项目操作

2.3.1 创建底座理想化模型

1）请读者在网盘下载本章跟随学习所需的模型，复制粘贴在计算机硬盘上，建议新建文件夹并将存放模型的路径设置为：E:\UG NX11.0 CAE\Ch02\【M0201_底座.prt】。

提示

后续章节在跟随操作时调用和存放模型的方法类似，操作方法不再赘述。

2）打开 NX 11.0，进入三维建模环境和操作界面，单击【打开】按钮，调出图 2-4 所示的分析用主模型，查看模型上的约束面和载荷施加区域有无质量问题。

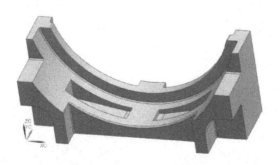

图 2-4　水箱底座三维模型

3）单击【应用模块】→【前/后处理】按钮，进入【前/后处理】环境，单击【仿真导航器】按钮，右键单击其中的【M0201_底座.prt】节点，在弹出的快捷菜单中选择【新建

FEM】命令，弹出【新建部件文件】对话框，在【新建文件名】栏下，默认的【名称】为
【M0201_底座_fem1.fem】，通过单击 按钮，选择本实例前/后处
理相关数据存放的【文件夹】，单击【确定】按钮。

4）弹出【新建 FEM】对话框，默认【求解器】和【分析类
型】中的选项，单击【确定】按钮即可进入创建有限元模型的环
境。可以观察在【仿真导航器】中出现了新增的相关节点。

提示

在操作过程中如果发现新建的 FEM 文件消失了，请单击【资
源条选项】 按钮，勾选其中的【销住】复选框，如图 2-5 所示。

5）双击【仿真导航器】中的【M0201_底座_fem1_i.prt】节
点，进入理想化模型环境，此时会弹出【理想化部件警告】对话
框，单击【确定】按钮即可，如图 2-6 所示，即让理想化模型处于
活动状态，才可以进行以下的模型操作。

图 2-5　资源条【销住】
复选框操作示意图

图 2-6　【理想化部件警告】对话框

6）单击【提升体】 按钮，选择底座实体后单击【确定】按钮，进行提升体操作，如
图 2-7 所示。

提示

提升体操作的作用，相当于复制了一个主模型，允许对该模型进行理想化操作，而不至
于影响主模型。

7）单击【移除几何特征】 按钮（如果工具栏中未出现该按钮，请单击旁边的【更
多】 按钮），选择底座中的圆角特征，单击 进行移除特征操作，完成后关闭对话框，如
图 2-8 所示。

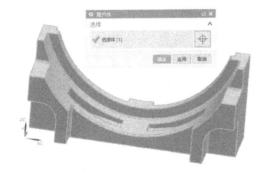

图 2-7　【提升体】对话框

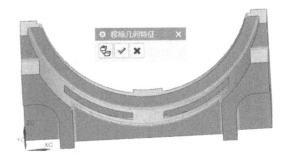

图 2-8　【移除几何特征】对话框

2.3.2 创建底座 FEM 模型

1）右键单击【M0201_底座_fem1_i.prt】，单击【显示 FEM】下【M0201_底座_fem1.fem】节点，返回到 FEM 有限元模型中，即让 FEM 模型处于活动状态。

2）单击工具栏中的【指派材料】按钮（如工具栏中没有显示该按钮，请单击旁边的【更多】按钮），弹出【指派材料】对话框，在【类型】选项框中选择【选择体】选项，选择图形窗口中的模型，在【材料】中选择【Nylon（尼龙）】，单击【确定】按钮，如图 2-9 所示。

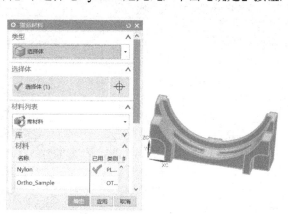

图 2-9　指派材料操作示意图

3）单击工具栏中的【物理属性】按钮，弹出【物理属性表管理器】对话框，在【类型】选项框中选择【PSOLID】选项，默认名称为【PSOLID1】，单击【创建】按钮，弹出【PSOLID】对话框，在【材料】选项中选取上述操作中设置的【尼龙】选项，其余选项均为默认值，单击【确定】按钮，随后关闭【物理属性表】对话框，如图 2-10 所示。

4）单击工具栏中的【网格收集器】按钮，弹出【网格收集器】对话框，在【单元族】下拉列表框中选择【3D】选项，在【收集器类型】下拉列表框中选择【实体】选项，在【物理属性】下的【类型】下拉列表框中选择【PSOLID】选项，【实体属性】下拉列表框选取上述设置的【PSOLID1】，默认【网格收集器】的名称为【Solid（1）】，单击【确定】按钮，如图 2-11 所示。

图 2-10　【PSOLID】对话框

图 2-11　【网格收集器】对话框

5）单击工具栏中的【3D 四面体网格】 按钮，弹出【3D 四面体网格】对话框，在工作窗口中选择底座三维模型，默认【单元属性】的【类型】为【CTETRA（10）】，单击【单元属性】中【单元大小】右侧的【自动单元大小】 按钮，参数框中出现【27.1】，手动将其修改为【20】，取消勾选【目标收集器】中的【自动创建】复选框，在【网格收集器】中选择上述设置的【Solid（1）】，其他选项均为默认值，单击【确定】按钮，如图 2-12 所示，网格划分的结果如图 2-13 所示。

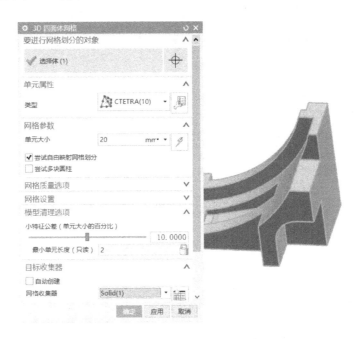

图 2-12 【3D 四面体网格】对话框

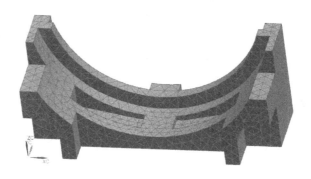

图 2-13 水箱底座模型网格划分效果

6）单击工具栏中的【单元质量】 按钮，弹出【单元质量】对话框，在【要检查的单元】选项组中选择【选定的】，【选择对象】为窗口中的水箱底座模型，【检查选项】中选择【警告和错误限制】，然后在【输出设置】的子项【报告】中选择【失败与警告】，其余选项均为默认，单击【检查单元】即可，这时会生成【日志文件】对话框，如图 2-14 所示。在日志文件中查看和判断单元质量情况。

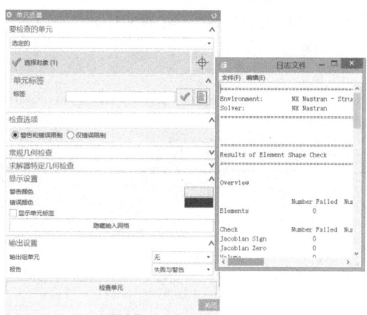

图 2-14 【单元质量】对话框

2.3.3 创建底座 SIM 模型

1）在【仿真导航器】窗口中右键单击【M0201_底座_fem1.fem】节点，在弹出的快捷菜单中选择【新建仿真】 命令，弹出【新建部件文件】对话框，在【新建文件名】栏下，默认的【名称】为【M0201_底座_fem1_sim1.sim】，通过单击 按钮，选择本实例相关数据存放的【文件夹】，单击【确定】按钮；单击弹出的【新建仿真】对话框中的【确定】按钮，弹出【解算方案】对话框，【解算方案类型】选择【SOL 101 线性静态-全局约束】，其余选项默认，单击【确定】按钮即可进入仿真模型环境，即让 SIM 模型处于活动状态。同时，可以观察在【仿真导航器】中增加了相应的节点。

2）单击工具栏中的【约束类型】 按钮，选择【固定平移约束】 命令，弹出【固定平移约束】对话框，在图形窗口中单击水箱底座的底面，单击【确定】按钮。

3）单击工具栏中的【载荷类型】 按钮，单击其中的【轴承】 按钮，弹出【轴承】对话框，【选择对象】为底座中的弧面 A（见图 2-2），在【指定矢量】中切换为【-ZC 轴】 选项，在【力】参数框内输入【90000】，单位为【N】，在【角度】参数框内输入【180】，单位为【deg（度）】，单击【确定】按钮，如图 2-15 所示，其中，模型边界约束条件和载荷定义后的效果如图 2-16 所示。

2.3.4 求解底座解算方案

1）在【仿真导航器】窗口中右键单击【Solution1】节点，在弹出的快捷菜单中选择【求解】 命令（或者直接单击工具栏中的【求解】 按钮），弹出【求解】对话框，如图 2-17 所示，单击【确定】按钮。

2）等待完成分析作业后，关闭各个信息窗口，依次双击【仿真导航器】【结果】中的

【Structual（结构）】节点，即可进入到后处理分析环境和操作界面。

图 2-15 【Bearing(1)】对话框

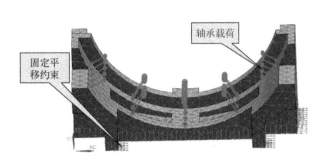

图 2-16 边界约束和载荷定义

图 2-17 【求解】对话框

2.4 项目结果

双击【仿真导航器】中的【结果】节点，进入到【后处理导航器】操作界面，如图 2-18 所示，可以观察到在【Solution 1】子项【结构】下面出现了【位移-节点】【旋转-节点】【应力-单元】【应力-单元-节点】等解算结果，常称之为分析用的评判指标或者评判项目。

图 2-18 【后处理导航器】及其出现的评判指标

2.4.1　查看底座最大变形

1）依次展开【Solution1】→【结构】→【位移-节点】→【幅值】节点，双击该节点即可在图形窗口中显示该模型的位移变形（综合了 3 个方向的位移变形值）云图。

2）右击【云图】❖下的【Post View1】，选择快捷菜单中弹出的【编辑】选项（或者直接单击工具栏中的【编辑后处理视图】），弹出【后处理视图】对话框，单击【变形】中的【结果】，可以修改变形比例，如图 2-19 所示。

3）在【后处理视图】对话框中选择【边和面】标签，调整【主显示】→【边】为【特征】（默认的为【外部】）；单击【后处理】工具条中的【动画】，显示水箱底座在受力过程中的变形趋势；在【Post View1】下勾选【注释】复选框，可显示最大位移和最小位移，如图 2-20 所示。

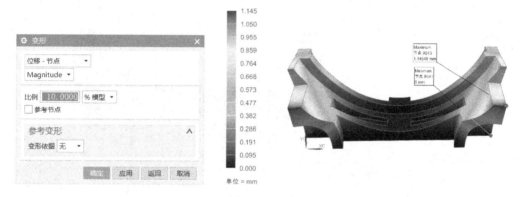

图 2-19　【变形】对话框　　　　　　　　图 2-20　位移云图并显示最大值

4）将显示的最大位移值和本模型设计的变形允许值（规定值）做比较，即可判断本模型的刚度是否符合设计要求。

2.4.2　查看底座最大应力

以同样的方法，在【后处理导航器】中展开【应力-单元-节点】，并双击其中的【Von Mises】，显示 Von Mises 应力云图，如图 2-21 所示。

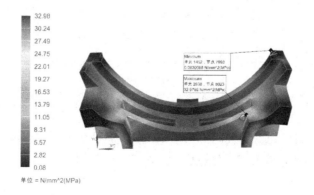

图 2-21　Von Mises 应力云图

将显示的最大应力值和本模型材料的屈服强度数值做比较，即可判断本模型的强度是否符合设计要求，并可以计算出理论的设计安全系数大小。

具体来说，通过仿真计算结果可以得到：水箱底座的最大应力为 32.98MPa，由于尼龙材料的屈服强度为 58MPa，所以底座理论上的安全系数为 1.76，满足设计要求。

2.4.3 创建底座棱边位移图表

单击工具栏中的【创建图】∧按钮（拾取某一路径上的节点，以显示该路径的位移或者应力情况），弹出【图】对话框，单击【拾取】右侧的小三角形，在弹出的快捷菜单中选择【特征边】，其余参数默认，如图 2-22 所示，单击【确定】按钮，即可生成应力-单元-节点与节点 ID 相对应的曲线图，如图 2-23 所示。

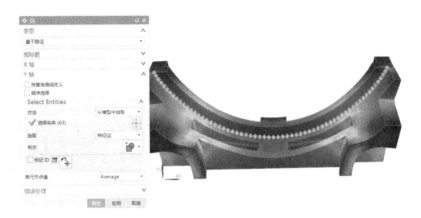

图 2-22 【图】对话框

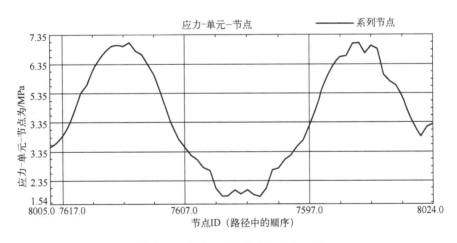

图 2-23 应力-单元-节点下的曲线图

采用图表形式，可以形象地描述并揭示出模型上某个区域或者棱边的结果指标变化规律，这为模型的形状改进和尺寸优化提供了非常直观的依据。

提示

在上述【创建图】的操作中，将拾取对象改为【特征边】后，在下次使用【创建图】命令时，【拾取对象】依然会显示【特征边】，这时只需单击【重置】 按钮，即可恢复成默认的【单侧】，如图 2-24 所示，以后遇到这种情况，只要单击【重置】即可，后续将不再赘述。

图 2-24 【重置】操作示意图

提示
本书每章实例操作过程的演示有声视频可从网盘下载并进行播放。

2.5　项目拓展

2.5.1　解算方案求解的置信度分析

NX 求解后提供了模型质量分析和置信度评价功能，可以用来判断 FEM 和 SIM 模型质量的优劣。通过分析作业监视器上的【检查分析质量】，根据平均单元误差粗略评判模型质量，该平均单元误差根据应力误差大小和应变能误差大小派生而来。

其中，单元误差计算需要使用应变结果，为了计算分析质量，在解算方案中包含应变输出请求。

求解后报告中出现的置信度级别与平均单元误差的和为 100%。例如，如果平均单元误差为 10%，则置信度级别为 90%。求解方案的置信度级别越低，平均单元误差越高，模型越有可能包含人为产生的应力集中情况。

解算方案的置信度分析操作过程简介如下。

1）右击【仿真导航器】中的【Solution1】节点，在弹出的快捷菜单中单击【编辑】按钮，弹出【解算方案】对话框，单击【工况控制】→【输出请求】中的【编辑】 按钮，弹出【Structural Output Requests1】（结构输出请求 1）对话框，单击【应变】后勾选【启用

STRAIN 请求】复选框，在【排序】中选择【SORT1】，单击【确定】按钮，如图 2-25 所示。

2）单击工具栏中的【求解】按钮，进行解算方案的计算，计算完成后弹出图 2-26 所示的【分析作业监视】对话框，单击【检查分析质量】按钮，弹出【信息】对话框，如图 2-27 所示，其中包括质量分析报告的诸多信息，如单元总数、节点总数、应变能误差和、稳定应力误差和总体模型置信度等。

图 2-25 【Structural Output Requests1】对话框

图 2-26 【分析作业监视】对话框

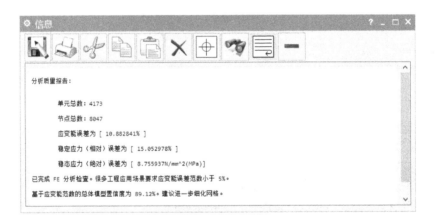

图 2-27 【信息】对话框

对于线性静态分析，解算方案求解后的置信度级别低于 95%，则可以返回到 FEM 环境，对其模型做进一步的网格细化处理。

提示
只能为 2D 三角形和四边形单元以及 3D 四面体单元计算置信度级别。

2.5.2 四面体网格与六面体网格求解效率的对比

网格划分是有限元分析前处理的重要工作之一，也是有限元分析的基本手段，网格质量的优劣决定着计算精度的高低。NX 前/后处理模块提供了多种实体单元的划分功能，其中操作最方便的是 3D 四面体单元的划分，这得益于其采用了一种自由网格划分的算法，但零件较为规则时，采用六面体单元划分的计算精度和计算效率要大大优于四面体单元划分。

本实例中，水箱底座模型形状相对规则，特征比较明显，且其在厚度方向上有许多具有等截面的特征（视为一个截面通过拉伸或者扫掠而来的实体），故可以使用 3D 扫掠网格进行实体单元网格划分，主要操作步骤如下。

1）新建 FEM 文件（操作过程在此不再赘述），双击【仿真导航器】中的【M0201_底座_fem2_i.prt】节点，进入理想化模型环境，进行提升体操作。

2）单击【拆分体】 按钮，弹出【拆分体】对话框，其中【选择体】选择显示窗口中的水箱底座模型，在【工具选项】下拉列表框中选择【新建平面】选项，然后单击体的分界面，最后单击【确定】或者【应用】按钮，如图 2-28 所示，最终拆分后的体如图 2-29 所示。

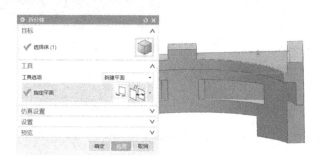

图 2-28 【拆分体】操作对话框

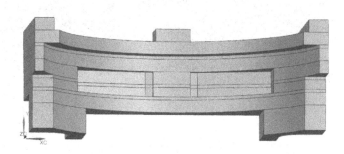

图 2-29 水箱底座拆分体示意图

3）右击【M0201_底座_fem2_i.prt】节点，选择【显示 FEM】→【M0201_底座_fem2.fem】并单击，返回到 FEM 有限元模型中。

4）单击工具栏中的【3D 扫掠网格】 按钮，弹出【3D 扫掠网格】对话框，默认【类型】为【多体自动判断目标】，在【要进行网格划分的对象】下的【选择源面】中选择网格划分的起始面，默认【单元属性】类型为【CHEXA（8）】（八节点六面体），单击【源单元大小】右侧的【自动单元大小】 按钮，在【仅尝试四边形】下拉列表框中选择【开-零个三角形】，单击【目标收集器】中的【新建收集器】 按钮，弹出【网格收集器】对话框，单击【实体属性】右侧的【创建物理项】 按钮，弹出【PSOLID】对话框，单击【材料】右侧的【选择材料】 按钮，弹出【材料列表】对话框，在【库材料】中选择【Nylon】（尼龙），依次单击【确定】按钮，回到【3D 扫掠网格】对话框，如图 2-30 所示，单击【确定】或【应用】按钮，完成网格划分。

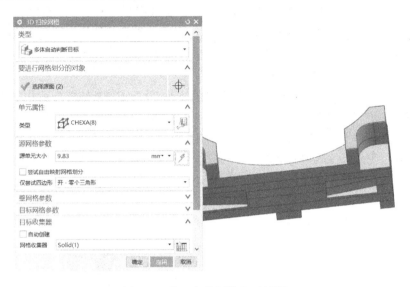

图 2-30 【3D 扫掠网格】对话框

5）重复进行上述操作，完成其他部分拆分实体的网格划分，最终效果如图 2-31 所示。

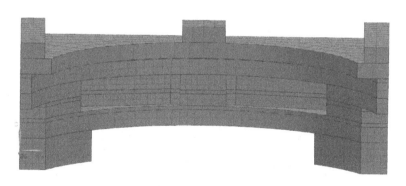

图 2-31 3D 扫掠网格划分

提示

本处采用先划分网格、后赋予材料属性的操作。当然，也可以按照前面介绍的操作顺序，先赋予模型材料属性、定义网格收集器和单元属性的常规顺序，建议初学者按照常规顺序去创建一个完整的有限元分析模型。

通过对不同类型网格解算方案进行求解后的结果对比发现，3D 扫掠网格（六面体）的计算精度、求解效率明显优于 3D 四面体网格。

提示

在实际操作中，对同一模型可以有多种网格划分的方法，不同的方法会在网格质量、网格划分效率（难度）和计算精度上有所区别，这需要通过大量的练习才能掌握高质量的网格划分技术。

2.5.3　自定义材料属性的基本方法

这里以底座材料自定义【ABS】为例来介绍自定义材料的操作方法，【ABS】和【Nylon】这两种不同材料的相关参数见表 2-1。

表 2-1　【ABS】与【Nylon】相关参数

材料	密度/g·cm^{-3}	弹性模量/GPa	泊松比	屈服强度/MPa	抗拉强度/MPa
ABS	1.05	2.2	0.394	50	53
Nylon	1.2	4	0.4	58	207

1．方法一：复制其他材料创建新材料

主要步骤：选择库材料中现有的某种材料，右键单击选定的材料，选择【复制】选项，弹出该材料的属性对话框，将相关参数修改为新材料的参数，这里选择的材料为【Nylon】，将其相关参数按照表 2-1 修改为【ABS】材料的参数，如图 2-32 所示，单击【确认】按钮，新材料即创建成功。

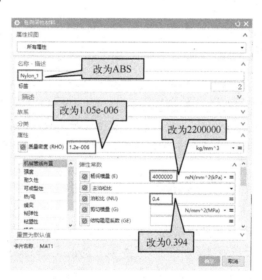

图 2-32　修改相关参数的操作方法

2．方法二：直接创建新材料

单击【指派材料】按钮，弹出【指派材料】对话框，单击【创建】按钮，弹出一个无参数值的材料属性对话框，如图 2-33 所示，输入新材料的参数值，单击【确定】按钮，新材料即创建成功。

提示

读者可以比较两种不同材料【ABS】与【Nylon】的解算结果，分析密度、弹性模量和泊松比这 3 个重要参数对结果的影响程度。

读者可从网盘下载并播放本章项目拓展的操作过程演示有声视频。

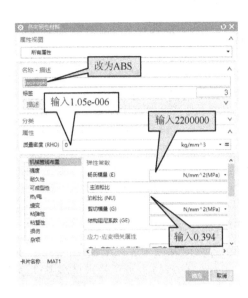

图 2-33　无参数值的材料属性对话框及其操作方法

2.6　项目总结

1）掌握 NX 前/后处理操作流程和主要步骤，是学习有限元分析的最基本内容；同时需要掌握后处理显示的基本方法，理解显示结果的主要类型、产品性能分析常用指标及其含义，特别是需要理解位移变形大小和产品（或者零件）的刚度相对应、应力大小和产品（或者零件）的强度相对应，才能逐步将有限元作为一个重要工具来掌握，进而解决工程实际问题。

2）在项目拓展中，需要通过实例掌握以下几个知识点。

● 对解算方案进行【检查分析质量】，通过求解报告中的置信度来评判模型质量，置信度过低时，需要对 FEM 模型做进一步的细化和改进。

● 无论是求解精度还是效率，六面体网格划分的效果都要优于四面体网格，掌握六面体网格划分的方法，也是有限元学习的一项重要内容。

● NX 提供的材料库内的材料种类有限，实际项目的有限元分析过程中经常需要自定义材料，本项目提供了两种自定义材料的方法，包括通过复制其他材料来创建新材料和直接创建新材料，需要读者理解和掌握。

第3章 轴套类零件有限元分析实例
——发动机曲柄受力分析

本章内容提要

本项目以发动机曲柄为例介绍轴套类零件受力性能的分析方法。使用线性静态分析（SOL101 线性静态）解算方案，介绍了新建 FEM 模型和 SIM 模型、拆分体、细化网格以及施加【旋转】载荷的方法和注意事项。在项目拓展中分析了不同转速和偏心质量下发动机曲柄最大应力的变化规律。

3.1 项目描述

轴套类部件（如发动机曲柄、凸轮轴等）在高速旋转时产生的振动，直接影响着产品的工作效率、寿命及人身安全，而不平衡是此类部件产生振动的主要原因之一。为了有效解决产品的振动问题，需要对套筒类旋转部件进行结构模态的分析，而结构模态分析的基础就是结构的静力学分析，通过静力学分析可以得到其位移变形和应力的分布规律，并找出应力集中的部位或者区域，从而有针对性地对结构进行优化设计，保证设计质量及可靠性。

本项目以发动机曲柄为例，图 3-1 所示为其结构组成图，可以发现存在齿轮、键槽等容易产生应力集中的部位和特征，也存在对网格划分很不利的螺纹特征（需要进行简化处理）。

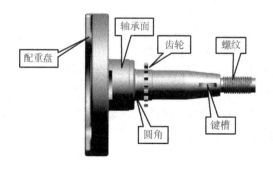

图 3-1 发动机曲柄及其结构组成

本项目采用【SOL101 线性静态分析】方法，得到其位移变形和应力分布图。其中，为分析齿轮部位的受力情况，本实例需要对齿轮区域进行网格细化。在项目扩展中，采用 0D 网格来模拟曲柄配重，进一步分析配重大小对整体模型的最大应力影响情况。

3.2　项目分析

1. 本项目分析的基本思路

前处理环节中导入【M0301_曲柄.prt】三维模型并定义分析类型和解算方案类型，对三维模型进行理想化几何体、定义材料并划分网格、施加载荷、定义约束、新建子工况、进行求解；后处理环节中分析该零部件在单工况及多工况情况下的应力变形和应力分布图；增加 0D 网格模拟配重对变形和应力分布的影响。

2. 本项目分析的主要步骤

1）FEM 模型处理：去除曲柄中的螺纹及油道特征；对整个模型进行单元格划分时采用【2D 映射网格】和【3D 扫掠网格】命令，关注和重要的部位采用【网格控制】进一步细化。

2）SIM 模型中边界条件的处理：该曲柄为轴套类旋转零部件，需要采用圆柱坐标系和固定平移约束等命令进行处理。

3）SIM 模型中载荷的处理：采用【旋转（离心力）】载荷较为合理地模拟曲柄的受力。

4）后处理：查看曲柄位移变形和应力云图，找出变形和应力最大的区域（或者关注的区域）和相应的数值。

3. 本项目分析的关键命令和知识点

移除特征、2D 映射网格、3D 扫掠网格、拆分体、网格控制、圆柱坐标系设置、离心力载荷的施加方法、新建子工况操作方法等。

3.3　项目操作

3.3.1　新建 FEM 模型和 SIM 模型

1）打开 NX 11.0，单击【打开】按钮，打开【M0301_曲柄.prt】文件，单击【应用模块】节点，单击【前/后处理】按钮。

2）在仿真导航器中右键单击【M0301_曲柄.prt】节点，选择【新建 FEM】节点，如图 3-2 所示。

3）进入【新建部件文件】对话框，修改 FEM 文件保存位置（与 prt 文件放在同一个文件夹），单击【确定】按钮，如图 3-3 所示。弹出【新建 FEM】对话框，勾选【创建理想化部件】复选框，【求解器】下拉列表框中选择

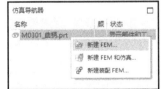

图 3-2　【新建 FEM】对话框

【NX Nastran】选项，【分析类型】下拉列表框中选择【结构】选项，单击【确定】按钮，如图 3-4 所示。

4）右击【仿真导航器】中【M0301_曲柄_fem.fem】节点，选择【新建仿真】节点，单

击【确定】按钮，弹出【新建仿真】对话框，单击【确定】按钮，如图3-5所示。

图3-3 【新建部件文件】对话框   图3-4 【新建FEM】对话框

5）弹出【解算方案】对话框，在【解算方案类型】下拉列表框中选择【SOL 101 线性静态-全局约束】选项，然后单击【确定】按钮，如图3-6所示。

图3-5 【新建仿真】对话框   图3-6 【解算方案】对话框

3.3.2 创建理想化模型

1）右击【仿真导航器】中的【M0301_曲柄_fem1_i.prt】节点，选择【设为显示部件】节点，如图3-7所示，进入到理想化环境和操作界面中。

2）选择【提升体】 命令，选择曲柄实体后单击【确定】按钮，进行提升体（复制实体模型）操作，如图 3-8 所示。

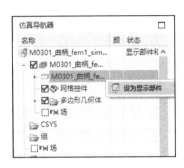

图 3-7　仿真导航器　　　　　　　　　　　　　　图 3-8　提升体操作

提示

提升体操作，换句话说就是将原来的主模型进行复制，目的是在执行【移除几何体特征】命令时在复制模型上进行操作，而不会改变主模型。

3）在【几何体准备】栏目中，单击【更多】选项，在【编辑和移除特征】中选择【移除几何特征】命令，如图 3-9 所示。

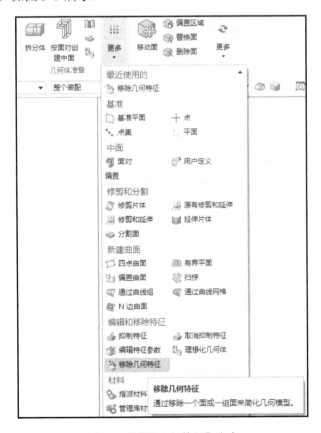

图 3-9　【移除几何特征】命令

提示

读者还可以通过在菜单/插入/模型准备/移除特征，可以找到该操作命令。

4）在图形窗口中选择曲柄模型中的圆角特征，单击✔按钮进行确认，两处圆角特征即可被移除，如图 3-10 所示。同样，选择曲柄模型上的螺纹特征，单击✔按钮，进行特征移除操作，如图 3-11 所示。

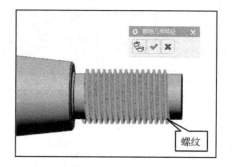

图 3-10 【移除几何特征】进行移除圆角的操作　　　图 3-11 【移除几何特征】进行移除螺纹的操作

5）在工具栏中单击【编辑截面】按钮，如图 3-12 所示。弹出【视图剖切】对话框，并在【剖切平面】下的【方向】下拉列表框中选择【设置平面至 Z】选项，对曲柄进行剖视显示，选择【移除几何特征】命令，选择曲柄中的油道，单击【确定】按钮，油道特征即被移除，如图 3-13 所示。

图 3-12 【编辑截面】位置

同样的操作，对曲柄右侧的顶角进行特征移除。移除特征后的效果如图 3-14 所示，单击【剪切截面】命令即可退出剖视图。

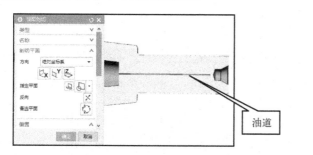
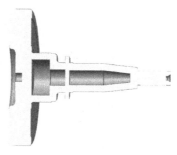

图 3-13 【移除几何特征】-移除油道　　　　　图 3-14 移除几何特征后曲柄

6）为了对曲柄进行细节部分及后续的齿轮受力、曲柄承受扭矩等工况进行分析，需要对曲柄模型上的关键部位和关注区域进行网格细化。在理想化部件的操作中，先对其进行

【拆分体】⬜处理。

　　单击【拆分体】⬜按钮,【选择体】选择曲柄模型,在【工具选项】选项框中选择【新建平面】选项,选择图 3-15 所示的平面,在【仿真设置】勾选【创建网格配对条件】复选框,单击【确定】按钮。

　　7)同理,使用【拆分体】按钮继续对曲柄进行拆分(每个台阶都进行拆分)。最后对齿轮部分进行拆分,单击【拆分体】按钮,【选择体】选择齿轮部分,在【工具选项】下拉列表框中选择【旋转】选项,单击【截面】中的【选择曲线】,选择任意一个齿的两条棱边线。在【轴】中的【指定矢量】选择 X 轴,【指定点】选择齿轮的圆心,如图 3-16 所示。

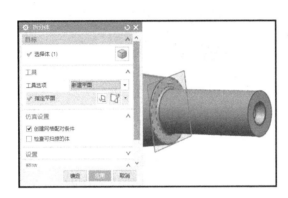

图 3-15 【拆分体】

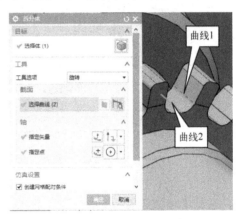

图 3-16 齿轮部分【拆分体】命令

提示

　　【拆分体】完成后可以在过滤器中选择【实体】来检查【拆分体】结果是否正确。被拆分后的实体的共同特点应该为等截面体。

3.3.3 创建 FEM 模型

　　1)右键单击【M0301_曲柄_fem1_i.prt】节点,选择【显示 FEM】下的【M0301_曲柄_fem1.fem】节点,返回到 FEM 有限元模型中,如图 3-17 所示。进入 FEM 环境中,【仿真导航器】中的节点发生了变化,如图 3-18 所示。

图 3-17 FEM 有限元模型

　　2)选择【3D 四面体】命令,对曲柄模型最左侧的配重盘进行网格划分,如图 3-19 所

示。【选择体】为图形窗口中选择的曲柄配重盘部位，在【单元属性】下拉列表框中选择
【CTETRA(10)】（四面体 10 节点）选项，在【单元格大小】下选中【自动单元格大小】按
钮，在【目标收集器】中单击【新建收集器】按钮，弹出【网格收集器】对话框，如
图 3-20 所示。

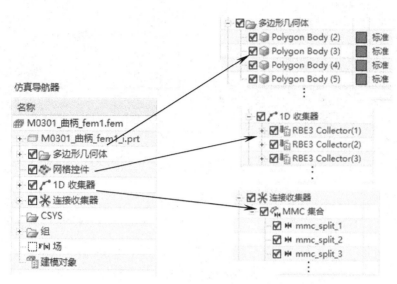

图 3-18 仿真导航器增加节点

3）在【属性】子项的【类型】下拉列表框中选择【PSOLID】选项；单击【实体属性】
右侧的【创建物理项】按钮，弹出【PSOLID】对话框，如图 3-21 所示。

图 3-19 【3D 四面体网格】对话框

图 3-20 【网格收集器】对话框

4）单击【材料】右侧的【选择材料】按钮，弹出【材料列表】对话框，定义曲柄材
料为【Iron40】（40 号碳钢），在【类型】下拉列表框中选择【各向同性】选项，如图 3-22
所示，单击【确定】按钮返回【PSOLID】对话框。

图 3-21 【PSOLID】对话框

图 3-22 【材料列表】对话框

5）在【PSOLID】对话框中单击【确定】按钮返回到【3D 四面体网格】对话框，单击【确定】按钮，自动完成划分网格，网格的效果如图 3-23 所示。

6）同理，使用【3D 四面体】命令，对除齿轮之外的部分进行网格划分，材料仍为【Iron40】（40 号碳钢），网格划分后，曲柄网格划分的效果如图 3-24 所示。这样，除了齿轮上的轮齿部位还未进行网格划分之外，其他曲柄部位均已划分了网格。

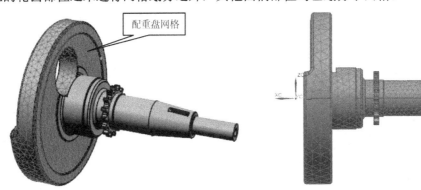

图 3-23 曲柄配重盘网格划分的效果   图 3-24 曲柄网格划分结果图

7）选择工具栏中的【2D 映射】命令，如图 3-25 所示，弹出【2D 映射网格】对话框。采用该命令来对齿轮部位进行网格划分的操作。

8）在【选择对象】中选取其中一个齿轮的齿顶上表面，【单元属性】中【类型】下拉列表框中选择【CQUAD4】选项，单击【单元大小】右侧的【自动单元格大小】按钮，取消勾选【网格划分参数】中的【将网格导出至求解器】复选框，如图 3-26 所示。

图 3-25 【2D 映射】命令路径

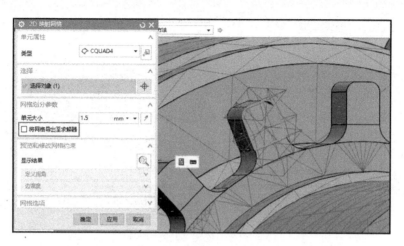

图 3-26 齿顶 2D 映射网格

9）网格划分好后，在每条棱边上都出现了控制符号，单击齿顶左上角的控制符号，该符号会变成红色，进一步右键单击【编辑】节点，弹出【网格控件】对话框，【密度类型】选择【边上的数量】选项，在【边上的数量】下【单元数】参数框中输入【5】，单击【确定】按钮，如图 3-27 所示。用同样的方法修改齿轮齿顶右上角的控制符号，并修改单元数为【5】。

10）在【仿真导航器】中右键单击【M0301_曲柄_fem1.fem】节点，选择【更新】节点来更新划分后的网格。对比两次网格，修改网格密度后其网格细化程度更符合要求，如图 3-28 所示。

图 3-27 【网格控件】对话框　　　图 3-28 齿顶【网格控件】细化网格操作

11）单击工具栏的【3D 四面体网格】图标右侧的小三角形符号，单击【3D 扫掠网格】按钮，弹出"3D 扫掠网格"对话框，默认【类型】为【多体自动判断目标】，【选择源面】选择齿顶上表面，在【源单元大小】参数框中输入【1.5】，在【仅尝试四边形】选项框中选择【开-零个三角形】选项，如图 3-29 所示。选项【开-零个三角形】选项操作目的是：该实体部位可以划分成较为理想的六面体网格。

12）使用同样的操作，对剩余齿顶进行网格细化，对齿根进行【3D 四面体】网格划分，齿轮部分网格划分结果如图 3-30 所示。

图 3-29 【3D 扫掠网格】对话框

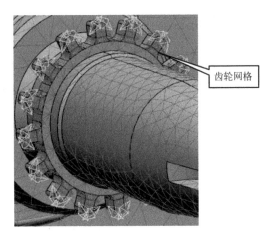

图 3-30 齿轮网格划分的效果图

3.3.4 创建 SIM 模型

1）右击【仿真导航器】中的【M0301_曲柄_fem1.fem】节点，选择【显示仿真】下的【M0301_曲柄_sim1_i.sim】节点，进入 SIM 模型中。

2）添加约束。单击【约束类型】按钮，在下拉菜单中选择【NoTrans】（固定平移约束）节点，弹出【NoTrans(1)】对话框选择曲柄的轴承安装面作为约束面，如图 3-31 所示。

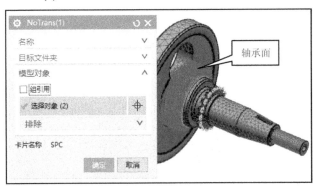

图 3-31 固定平移约束

3）添加载荷。单击【载荷类型】按钮，在下拉菜单中选择【旋转（离心力载荷）】节点，弹出【Rotation(1)】对话框，【选择对象】选择底座受力面，【指定矢量】选择曲柄的轴向方向，在【属性】的【角速度】参数框中输入【14000】，单位改为【rev/min】，如图 3-32 所示。

3.3.5 模型检查和求解解算方案

1）在【仿真导航器】窗口中右击【Solution1】节点，选择【编辑】节点，打开【解算方案】对话框。

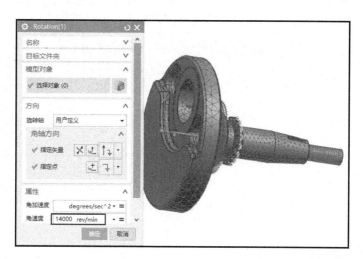

图 3-32 旋转载荷的添加方法

2）在对话框中选择【工况控制】中的【输出请求】选项，单击【编辑】 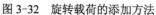 按钮，弹出【Structural Output Requests 1】（结构输出请求 1）对话框，单击【应变】按钮后勾选【启用 STRAIN 请求】复选框，在【排序】下拉列表框中选择【SORT1】选项，单击【确定】按钮，如图 3-33 所示。

图 3-33 【Structural Output Requests 1】对话框

3）在【仿真导航器】窗口中右击【Solution1】节点，选择【求解】节点，进行解算，弹出图3-34所示的【求解】对话框，单击【确定】按钮，开始求解并等待求解结果。

图3-34 【求解】对话框

3.4 项目结果

1）双击【仿真导航器】中的【结果】节点，进入【后处理导航器】，如图3-35所示。

2）在【后处理导航器】中双击【应力-单元-节点】节点，并双击下面的【Von Mises】节点，在图形窗口中将显示冯氏应力云图，如图3-36所示。

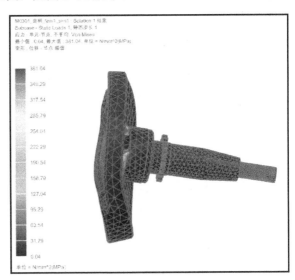

图3-35 【后处理导航器】窗口及其结果节点　　　　图3-36 冯氏应力云图

3）右键单击【Post View1】节点，选择【编辑】节点，弹出【后处理视图】对话框，单击【变形】后面的【结果】节点，可以修改变形比例，如图3-37所示。

4）单击【确定】按钮，在【后处理视图】对话框中的【显示于】下拉列表框中选择【切割平面】选项，单击【选项】按钮，弹出【切割平面】对话框，可以选择查看剖视图的云图，该操作方法可以较好地查看模型内部的结果显示情况，进一步采用【标识结果】 命令可以查看到内部任何一个节点上的结果数值。

5）展开【Post View1】节点，勾选【注释】复选框，即可看到模型上应力最大和最小值所在的部位及数值大小，如图3-38所示。进一步根据这些数据可以评判曲柄强度的性能。

图3-37　修改变形比例

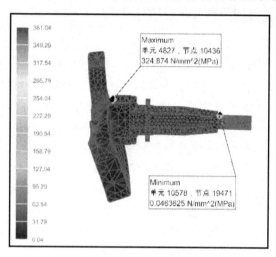

图3-38　剖面应力云图

3.5　项目拓展

3.5.1　曲柄不同转速承载工况的分析

当施加在曲柄上的转速不同时，曲柄承载后的变形和应力会如何变化，又会呈现怎样的规律？本项目拓展分析的操作步骤简介如下。

1）右击【Solution 1】下的【Subcase‑Static Loads 1】节点，双击【载荷】并修改角速度大小。

2）右击【Solution 1】节点选择【求解】节点，求解完成后查看新的载荷下的显示结果，并做好记录。

3）更改不同的角速度并记录不同的应力结果，分析结果见表3-1。

表3-1　不同转速下曲柄的应力情况

序号	角速度/rev·min⁻¹	最大应力/MPa
1	14000	381.04
2	15000	437.42
3	16000	497.69
4	17000	561.84
5	18000	629.88

提示

每修改一次 SIM 模型中的参数，都要重新进行一次求解，否则得不到结果；从表 3-1 可以看出，角速度越大，最大应力值就越大。建议读者画图来描述最大应力和角速度的关系，看看和理论公式的计算结果是否相符。

3.5.2 曲柄不同偏心质量工况的分析

轴套类零部件在高速旋转时，会因加工工艺、设计精度等因素引起偏心质量的不平衡，对此在实际工程分析中多以配重的方法来解决。本项目通过使用 0D 单元类型来模拟配重的偏心质量大小，通过改变该质量大小来仿真计算模型上的应力变化。主要步骤如下。

1）单击工具栏中的【返回到模型】按钮，双击【仿真导航器】中的【M0301_曲柄_fem1.fem】节点返回到 FEM 环境。

2）单击【网格控件】右边的三角符号，在下拉菜单中单击【网格点】节点，弹出【网格点构造器】对话框，【类型】选择【自动判断的点】，【选择对象】选择现有网格点附近的点，如图 3-39 所示。该操作步骤确定了偏心质量所在的位置。

3）右击【仿真导航器】中【M0301_曲柄_fem1.fem】节点，选择【更新】节点，则新建的网格点自动捕捉到离它最近网格点，如图 3-39 所示。

4）单击【网格控件】右边的小三角形符号，在下拉菜单中单击【0D 网格】按钮，【类型】默认为【创建 0D 网格】，【选择对象】选择新创建的网格点，【单元类型】默认为【CONM2】，单击【编辑网格相关数据】 按钮，弹出【网格相关数据】对话框，【质量】参数框中输入【0.01kg】，单击【确定】按钮，如图 3-40 所示，完成定义 0D 单元质量大小的操作。

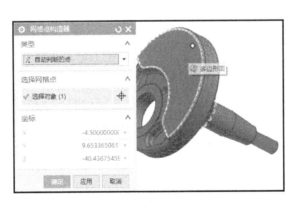

图 3-39 在面上构造网格点

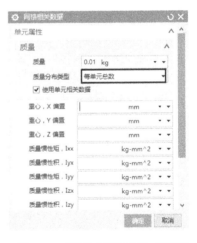

图 3-40 【网格相关数据】对话框

5）右击【M0301_曲柄_fem1.fem】节点，单击【显示仿真】下的【M0301_曲柄_sim1_i.sim】节点，进入 SIM 环境，进行求解并查看解算结果，其最终的应力云图如图 3-41 所示。即给 0D 单元施加了 0.01kg 质量大小，模型上最大的应力值为 427.71MPa。

当所加 0D 网格的质量变化时，曲柄的应力会如何变化呢？返回到 FEM 环境中，在【仿真导航器】中单击【0D 收集器】边上的加号，展开并双击【0d_mesh（1）】节点，修改网格的质量大小，再进行求解，查看曲柄的最大应力及变形情况，分析结果见表 3-2。

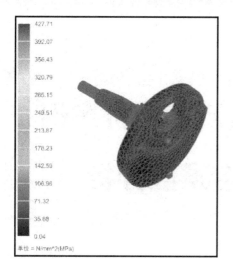

图 3-41 加上【0D 网格】后的应力云图

表 3-2 不同网格点质量下曲柄的应力情况

序号	0D 单元质量（Kg）	最大应力（Mpa）
1	0.01	427.71
2	0.015	449.83
3	0.02	472.02
4	0.025	494.28
5	0.03	516.58

提示

从表 3-2 可以看出，偏心质量越大，最大应力值也越大，两者之间呈现出一定的规律。建议读者画图来描述最大应力和 0D 单元质量大小的关系，看看和理论公式的计算结果是否相符。

3.6 项目总结

1）采用【拆分体】命令将曲柄整体模型拆分成几个部分，分别对拆分体进行网格划分。对齿轮外的其他部分使用了【3D 四面体】网格划分方法，对计算结果最为重要的齿轮部分的网格划分使用【2D 映射】和【3D 扫掠网格】两个命令，对拆分出的齿顶实体进行网格细化，提高了该部位的计算精度。

2）本项目还介绍了在 FEM 环境下，可以以从内向外的操作顺序，进行定义各种属性和参数，即先对模型进行【网格划分】，再依次在【网格划分】对话框中定义【网格收集器】，在【网格收集器】中定义【物理属性】，在【物理属性】中定义【材料属性】，这样的操作更加快捷。

3）在本项目的拓展部分，分析了曲柄在不同的转速下和不同的偏心质量下其最大应力和位移的变化情况，进而得出各自的变化规律。这说明有限元作为研究工具，可以分析不同的参数对关心结果（位移变形和应力）的影响规律，起到了实验难以替代的作用（实验方法的成本太高）。

第4章 装配体有限元分析实例

——支撑工作台承载分析

本章内容提要

本项目以支撑工作台装配体为例，以相关联装配 FEM 工作流程为基础，分析了工作台在不同工况和位置高度时，承受载荷后各个构件的变形和应力状况，在项目拓展中介绍了工作台表面的局部区域载荷施加方法。

4.1 基础知识

在对大型装配模型，特别是相关组件之间位置经常有变动且组件数量多的大型装配模型进行有限元分析时，往往采用装配 FEM 命令。装配 FEM 支持增强的工作流程，与部件装配包含多个子部件的事例和位置数据非常相似，装配 FEM 也包含多个子 FEM 的事件和位置数据。装配 FEM 还包含将组件 FEM 连接到系统中的连接单元，组件 FEM 网格中的材料和物理属性也相应地继承和传递到装配 FEM 系统中。装配 FEM 工作流程分为两种：

- 相关联的工作流程：在此工作流程中，可将装配 FEM 与部件的现有装配关联起来，并将新的或者现有的组件 FEM 映射到每个组件。在更新装配配置或者其组件的几何体时，装配 FEM 也会更新。
- 非关联的工作流程：在此工作流程中，可以首先创建空的装配 FEM，然后添加组件 FEM 到装配 FEM 中，最后使用重定位组件来定义组件 FEM 的位置。

4.2 项目描述

本项目以支撑工作平台为例进行装配 FEM 的实例分析。支撑工作平台为装配部件的形式，其三维模型及其组成如图 4-1 所示。在升降机构中调节连接杆的长短，即可改变各个支撑杆的空间姿态，从而改变平台的高度位置。而在不同的高度位置，整个模型的各个部件承载大小会发生变化，意味着各个部件变形和应力大小也发生了变化。

本项目以平台的底座底面作为固定面，要讨论的问题包括：平台表面受到相应的压力，需要通过有限元计算来查看各个部件或者零件在不同高度位置时，哪个杆件承受最大变形和应力？最大变形和应力值是多少？从而判断出工作平台在哪个高度位置时，其杆件承载性能最为恶劣。

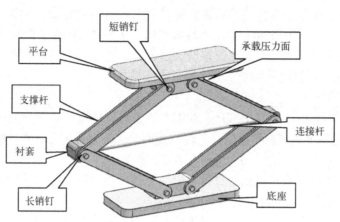

图 4-1　支撑工作平台装配及其组成

4.3　项目分析

4.3.1　项目分析总体思路

对于该项目，需要分析上述装配体在不同工况或者不同位置时其变形和应力的变化情况，为此，如果每个工况或者每个高度位置都建立一个 FEM 和 SIM 模型，势必需要大量的建模工作量，造成分析效率低、操作烦琐。

因此这类项目可以采用装配 FEM 的方法，预先建立各个零部件的 FEM 模型，定义各自的属性参数，根据不同的工况或者位置高度的要求，借助重定位组件的方式来模拟相应的工况，从而完成其 FEM 的装配。

4.3.2　项目分析工作流程

使用的【装配 FEM】流程为相关联的工作流程，主要流程如下。

1）创建装配 FEM 模型。

2）映射 FEM 组件。

3）连接 FEM 组件。

4）解决标签冲突。

5）映射 FEM 文件到当前装配。

6）创建仿真 SIM 模型。

7）定义解算方案并进行求解。

项目工作流程的基本顺序为：在前处理环节中导入【M0401_支撑工作台.prt】三维模型，定义分析类型和解算方案类型、定义材料并划分网格、施加载荷、定义约束；中间环节为解算方案的求解；在后处理环节中查看和评价该支撑工作台装配中的各个构件受力情况。

4.3.3 项目分析关键问题和命令

1）本装配模型中各个部件的形状相对简单，无须进行理想化，因分析各个工况的模型为准动态情形，所以本实例中牵扯到的销钉联接均以【面对面粘连】的形式进行连接。

2）先确定某个工况和某个高度位置的解算方案，再采用【克隆】命令来复制支撑工作台在不同工况或者不同高度下各个子部件受力的解算方案。

3）项目操作中的关键步骤如下。

① 标签冲突的处理：装配子部件在相邻位置会存在约束多余和冲突的情况，称之为标签冲突，即需要对重复和多余约束进行处理，处理的基本方法为在仿真导航器中右键单击装配 FEM，选择【装配标签管理器】，选择【自动解析】。

② 各子部件连接关系映射到仿真模型中的边界条件处理：使用【面对面粘接（面面胶合）】来模拟销钉与杆件的联接以及载荷的传递。

③ 不同工况解算方案的处理：采用【克隆】的方式复制相应的解算方案，在各自的方案中修改连接杆的长度，从而分析出不同高度下支撑工作平台的受力情况。

④ 各子部件后处理结果的显示：在【云图】中勾选不同零部件的【3D 单元】，便可查看各个杆件或者构件的应力和变形情况。

4）本项目关键命令有【映射到部件】【解决标签冲突】【面到面粘连】【克隆】等。

4.4 项目操作

4.4.1 创建支撑工作台装配 FEM 模型

1）打开 NX 11.0，单击【打开】按钮，打开文件【M0401_支撑工作台.prt】。在【应用模块】下找到【前/后处理】选项，单击进入高级仿真模块。

2）在【仿真导航器】窗口中右键单击【M0401_支撑工作台.prt】节点，选择【新建装配FEM】选项，弹出【新建部件文件】对话框，默认文件名称及文件夹位置，单击【确定】按钮。弹出【新建装配FEM】对话框，默认求解环境中的各选项，单击【确定】按钮。

3）在【仿真导航器】窗口中，右键单击【M0401_销钉_长.prt】节点，选择【映射新的】选项。弹出【新建部件文件】对话框，注意【过滤器】下选择【空白/FEM/毫米/独立的/无】选项，此时文件【名称】为【M0401_销钉_长_fem1.fem】。文件夹位置默认不变，单击【确定】按钮。弹出【新建 FEM】对话框，默认选项不变，单击【确定】按钮。此时【仿真导航器】窗口中数据结构发生变化，出现新的【M0401_销钉_长_fem1.fem】节点。双击【M0401_销钉_长_fem1.fem】节点进入【M0401_销钉_长.prt】的 FEM 环境。

4）对【M0401_销钉_长.prt】进行网格划分。单击工具栏中的【3D 四面体网格】，弹出【3D 四面体网格】对话框，在【选择体】中选择销钉三维模型，在【单元大小】中单击【自动单元大小】按钮，在【自动创建】选项中单击【新建收集器】按钮，弹出【网格收集器】对话框。单击【实体属性】中的【创建物理项】按钮，弹出【PSOLID】对话框，单击【材料】选项中的【选择材料】按钮，在弹出的【材料列表】中选择【Steel】材料，单击【确定】按钮。返回到相应的对话框后分别单击【确定】按钮，完成【M0401_销钉_长.prt】的网格划分。完成后右键单击【M0401_销钉_长_fem1.fem】节点，在【显示装配 FEM】后选择【M0401_支撑工作台_assyfem1.afm】回到装配界面。

采用同样的方法，完成剩余零部件的网格划分，如图 4-2 所示。

图 4-2　支撑工作平台装配 afm 示意图

提示

在装配模型中，部件较多，不同零部件间材料定义与网格划分不一样，所以对于不同的部件间选择【映射新的】对其进行网格划分，而相同部件间则采用【映射现有的】选择相同部件的 FEM 文件。这样能提高效率，不易出错。具体操作详见随书网盘中相应的视频演示。

5）右键单击【仿真导航器】窗口中的【M0401_支撑工作平台_assyfem1.afm】节点，选择【装配标签管理器】选项，弹出【装配标签管理器】对话框，如图 4-3 所示。单击对话框中的【自动解析】按钮，注意观察各分量状态的变化。

图 4-3　【装配标签管理器】对话框

<h2>4.4.2 创建支撑工作台 SIM 模型</h2>

1）在【仿真导航器】窗口中，右键单击【M0401_支撑工作平台_assyfem1.afm】节点，选择【新建仿真】，弹出【新建部件文件】对话框，默认文件名称及文件夹位置，单击【确

定】按钮。在弹出的【解算方案】对话框下，在【解算方案类型】选项框内选择【SOL 线性静态-全局约束】选项，单击【确定】按钮。

2）单击工具栏中的【约束类型】，选择其中的【固定约束】命令，然后选择支撑工作平台的底面作为固定面；单击工具栏中的【载荷类型】，选择其中的【压力】命令，然后选择支撑工作平台的支撑面作为受力面，【幅值】参数框内输入【0.03Mpa】，如图 4-4 所示。

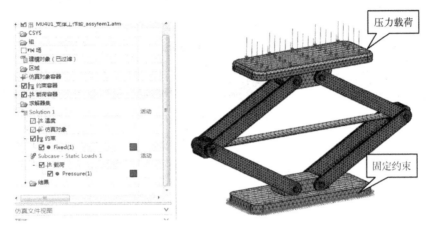

图 4-4 支撑工作平台的边界条件示意图

3）支撑工作平台中的连接杆在实际工况中长度是可变的，为更好地进行分析，把该连接杆视为两端焊接的结构，本实例中采用【面对面粘结】的方式来模拟。

单击工具栏中的【仿真对象类型】，选择其中的【面对面粘连】命令，弹出【面对面粘连】对话框，选择【类型】下拉列表框内的【手动】选项，单击【源区域】中的【创建区域】按钮，弹出【区域】对话框，如图 4-5 和图 4-6 所示。

图 4-5 【面对面粘连】对话框

图 4-6 【区域】对话框

4）单击【选择对象】后选择【M0401_连接杆】三维模型的圆柱底面表面作为源区域后，单击【确定】按钮。单击【目标区域】中【创建区域】按钮，弹出【区域】对话框，单击【选择对象】后选择【M0401_衬套】三维模型与之相连接的外表面作为目标区域后，单击【确定】按钮。具体操作如图 4-7 和图 4-8 所示。

完成面对面粘连后的显示和效果如图 4-9 所示。采用同样的操作方法，完成另一端连接杆与衬套之间的连接。

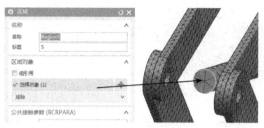 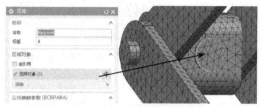

图 4-7 源区域选择　　　　　　　　　　图 4-8 目标区域选择

图 4-9 连接杆与衬套之间的面对面粘连

5）单击工具栏中的【仿真对象类型】，选择其中的【面对面粘连】命令，弹出【面对面粘连】对话框，选择【类型】下拉列表框中【手动】选项。单击【源区域】中的【创建区域】按钮，弹出【区域】对话框，单击【选择对象】后选择【M0401_销钉_短】三维模型的圆柱外表面作为源区域后，单击【确定】按钮。单击【目标区域】中【创建区域】按钮，弹出【区域】对话框，单击【选择对象】后选择两个【M0401_支撑杆】销钉孔内壁、【M0401_平台】销钉孔内壁作为目标区域后，单击【确定】按钮。完成操作后的效果如图 4-10 和图 4-11 所示。完成面对面粘结后的显示和效果如图 4-12 所示。

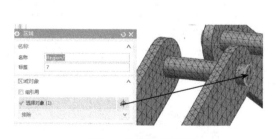 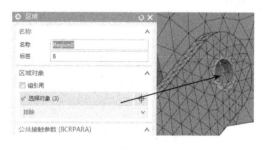

图 4-10 源区域选择　　　　　　　　　　图 4-11 目标区域选择

采用同样的操作，完成模型上剩余销钉孔处的面对面粘连。

6）在【仿真导航器】窗口中，展开【仿真对象容器】节点，右键单击【Face Gluing（1）】节点，选择【编辑显示】选项。弹出【边界条件显示】对话框，选择【比例】中的调节滑块，使其到微小方向靠近，单击【确定】按钮以调节【面对面粘连】显示符号的大小及显示状态，如图 4-13 所示。

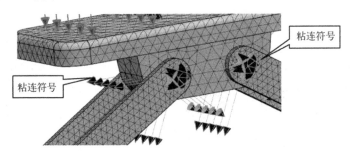

图 4-12　销钉处的面对面粘连

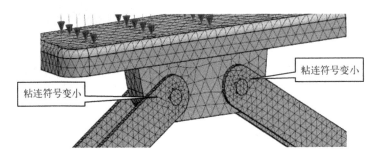

图 4-13　边界条件显示

4.4.3　解算方案的求解

在【仿真导航器】窗口中右键单击【Solution1】节点，选择【求解】选项进行解算。

4.5　项目结果

4.5.1　解算结果及其后处理

1）双击【仿真导航器】窗口中的【结果】节点，进入【后处理导航器】窗口，右键单击【Post View1】节点，选择【编辑】选项，弹出【后处理视图】对话框。在对话框中单击【变形】旁边的【结果】按钮，弹出【变形】对话框。在【比例】参数框内输入【1】，单击【确定】按钮。变形比例调节前后对比如图 4-14 所示。

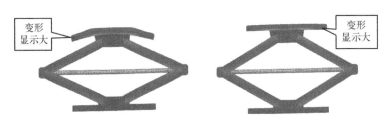

图 4-14　变形比例调节前和比例调节后

2）在【后处理导航器】窗口中选择【Post View 1】节点下的【3D 单元】节点，只保留第一个【3d_mesh（1）】节点，观察底座处的销钉受力情况。销钉应力云图如图 4-15 所示。

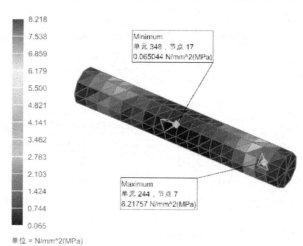

图 4-15　销钉应力云图

采用同样的方式，可以查看支撑工作平台中任意零部件的云图情况。

4.5.2　解算方案的比较分析

支撑工作平台为装配部件，其支撑高度为可变数值，为分析不同高度下的平台受力情况，现对其进行【克隆】操作。操作步骤如下。

1）在【仿真导航器】窗口中右键单击【Solution1】节点，选择【克隆】选项，修改名称为【Solution2】，如图 4-16 所示。

2）在【仿真导航器】窗口中双击【M0401_连接杆_fem1_i.prt】节点，加载完毕后双击【M0401_连接杆.prt】节点。在建模环境下，双击连接杆，在长度参数框内输入【100】，单击【确定】按钮完成修改。单击【窗口】选项框中的【M0401_支撑工作台_assyfem1_sim1.sim】，返回到仿真环境下，如图 4-17 所示。

图 4-16　克隆操作

图 4-17　变换窗口

因改变了连接杆的长度，【仿真导航器】窗口中的【状态】一栏显示【等待更新】，如图 4-18 所示。

3）双击【M0401_连接杆_fem1.fem】节点，在 FEM 环境下，右键单击【M0401_连接杆_fem1.fem】节点，选择【更新】选项，如图 4-19 所示。

图 4-18 等待更新的状态显示　　　　　　图 4-19　更新 FEM 的操作

4）右键单击【M0401_连接杆_fem1.fem】节点，选择【显示装配 FEM】，然后选择返回到【M0401_支撑工作台_assyfem1.afm】装配环境。右键单击【M0401_支撑工作台_assyfem1.afm】节点，选择【更新】选项，如图 4-20 所示。更新完成后，右键单击【M0401_支撑工作台_assyfem1.afm】节点，选择【显示仿真】后面的【M0401_支撑工作台_assyfem1_sim1.sim】，从而回到仿真环境，返回到 SIM 仿真环境，如图 4-21 所示。

图 4-20　更新 afm 操作

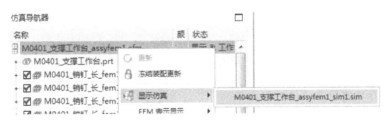

图 4-21　返回仿真环境

此时，支撑工作台的装配关系发生了变化，如图 4-22 所示。

5）对克隆后的方案【Solution 2】进行解算。计算后的支撑工作台应力云图如图 4-23 所示。

6）单击主页上的【标识结果】按钮，弹出【标识】对话框；选取【拾取】下拉列表框内的【特征面】选项，选择平台平面，如图 4-24 所示，显示出该平面上的应力最大值和应力平均值及其节点的信息，其中平均值显示为【0.889Mpa】。

7）进行类似的操作，再次变更连接杆的长度进行解算，分析不同支撑高度下的工作台受力情况，限于篇幅，此处不再赘述。

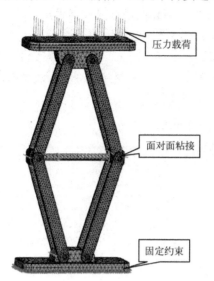

图 4-22 支撑工作台装配关系变化图

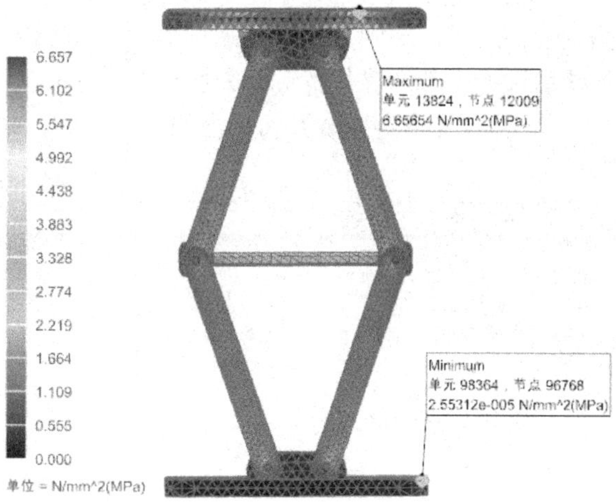

图 4-23 支撑工作台应力云图

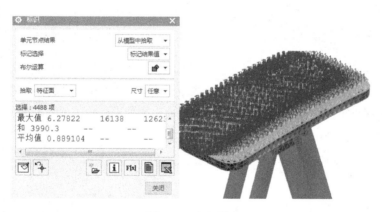

图 4-24 标识结果

4.6 项目拓展

4.6.1 局部区域划分网格对解算结果的影响

上述解算方案的平台是在整个平面上施加了载荷，本拓展项目对平台平面进行局部区域的划分，而施加载荷的方式不变，以此来评判区域划分对仿真结果有无影响。

下面分析平台在指定的局部区域受力情况，操作主要步骤如下。

1. 在理想化环境中划分区域

1）首先在【仿真导航器】窗口中，在 SIM 环境下展开【载荷】节点，右键单击【Pressure（1）】（压力载荷）选择【移除】选项。

2）双击【M0401_平台_fem1_fem】节点进入平台的 FEM 环境，然后双击【M0401_平台_fem1_i.prt】节点进入理想化模型。选择【提升】命令对平台模型进行提升体操作。

3）展开【菜单】选项，在【插入】选项下选择【派生曲线】选项后的【投影】指令，如图 4-25 所示。在弹出的【投影曲线】对话框中，在过滤选择栏的过滤器中选择【边】选项，然后选择平台凹槽与销钉孔突块连接的边作为投影曲线，如图 4-26 所示，【指定平面】为平台的平面，【指定矢量】为平台的法线方向，单击【确定】按钮。

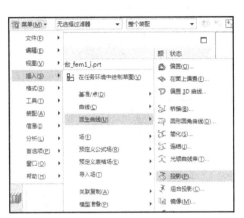

图 4-25　插入【派生曲线】→【投影】　　　　图 4-26　投影局部受力区域

4）单击【几何体准备】下的【更多】按钮，选择【分割面】命令，如图 4-27 所示。弹出【分割面】对话框，依次选择要分割的面与分割对象，单击【确定】按钮，分割区域如图 4-28 所示，默认情况下分割曲线显示为淡黄色。

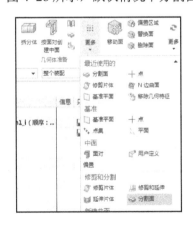

图 4-27　选择【分割面】　　　　图 4-28　【分割面】对话框及分割效果

2. 构建 FEM 模型

1）相应的面分割完成后，右键单击【M0401_平台_fem1_i.prt】节点，选择【M0401_平台_fem1_fem】，返回到 FEM 模型环境。单击【更新】按钮（具体操作参考本章前面相关操作，此处不再赘述），注意划分区域后的网格发生了变化，如图 4-29 所示为网格变化对比图。

2）然后右键单击【M0401_平台_fem1_fem】节点，选择【显示装配 FEM】后的

【M0401_支撑工作平台_assyfem1.afm】，返回到装配 FEM 模型环境。

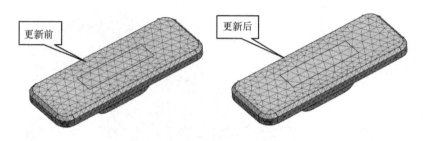

图 4-29　网格变化对比图

3）右键单击【仿真导航器】窗口中的【M0401_支撑工作平台_assyfem1.afm】节点，选择【装配标签管理器】选项，弹出【装配标签管理器】对话框，单击对话框中的【自动解析】按钮。

4）右键单击【仿真导航器】窗口中的【M0401_支撑工作平台_assyfem1.afm】节点，选择【显示仿真】后的【M0401_支撑工作平台_assyfem1_sim1.sim】选项，返回到仿真环境。

3. 构建 SIM 模型

1）在【载荷类型】命令下选择【压力】，弹出【压力】对话框，在【压力】参数框内输入【0.03Mpa】，在选择面时注意在【过滤器】选项中选择【多边形面】选项，如图 4-30 所示为过滤器选择的操作。

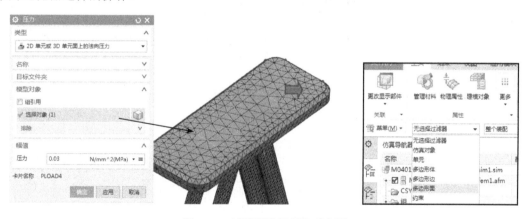

图 4-30　过滤器选择局部受力面

2）在【载荷类型】命令下选择【压力】弹出【压力】对话框，【选择对象】为平台上矩形以外的区域，如图 4-31 所示，在【压力】参数框内输入【0.03Mpa】，单击【确定】按钮。

4. 求解和结果显示

1）在【仿真导航器】窗口中右键单击【Solution2】节点，选择【求解】选项，整体模型的应力云图及其最大值如图 4-32 所示。

2）单击主页上的【标识结果】按钮，弹出【标识】对话框；选取【拾取】下拉列表框内的【特征面】选项，选择平台平面，如图 4-33 所示，应力平均值显示为【0.96094Mpa】，该数值和前面平台没有进行局部区域网格划分的应力结果值【0.889Mpa】误差很小。

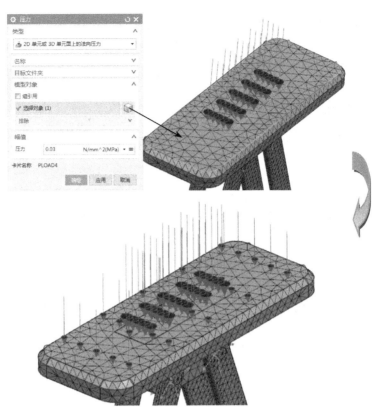

图 4-31　压力施加及其效果

图 4-32　整体模型应力云图

5. 结论

　　针对整体表面施加载荷和局部区域划分网格两种情况，在相同载荷条件下对应力结果进行比较可以发现：应力最大位置与应力最大值几乎没有变化，意味着局部区域网格的划分不影响模型的求解精度。

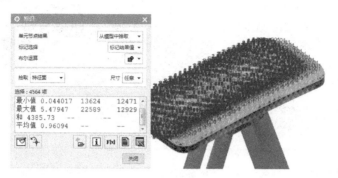

图 4-33　标识结果

4.6.2　局部区域划分网格的应用案例

对局部区域进行网格划分的主要应用场合可以归纳如下。

1）可以对划分的区域进行单独的约束和施加力、压力等载荷操作，这对于分析模型上的关注区域、敏感区域和应力集中区域非常有用，在实际应用中往往对局部区域的网格进行细化，可以提高局部区域分析的精度。

2）对于装配接触的零部件来说，实际中相邻零件不是整个区域都存在接触，而是局部区域有接触，局部区域存在分离，这就需要通过划分局部区域来确定接触表面，从而为后续施加仿真对象（面对面胶合、面对面接触）提供条件。

本项目的拓展主要实现对划分的局部区域进行不同压力载荷施加的操作，建立不同的仿真和解算方案，从而可以分析和比较不同的压力载荷对模型最大变形和最大应力的影响规律。主要步骤如下。

1）返回到 SIM 模型，更改局部区域（即平台上投影的矩形区域）压力值为【0.3Mpa】。

2）对模型重新求解，并查看应力云图，如图 4-34 所示为整体模型应力云图及其最大/最小应力值，图 4-35 所示为平台单独显示的云图及其最大/最小应力值。

图 4-34　整体模型的应力云图

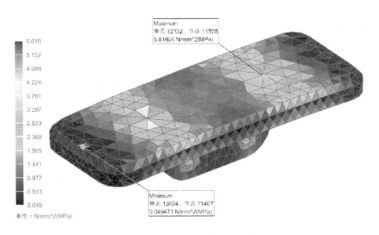

图 4-35　平台应力云图

3）单击【标识结果】按钮，弹出【标识】对话框，选取【拾取】下拉列表框内的【特征面】选项，选择平台平面并显示该平面上的应力平均值为【1.00238Mpa】，如图 4-36 所示。

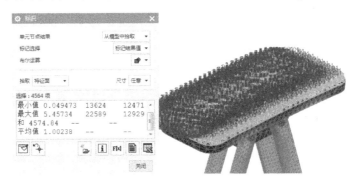

图 4-36　标识结果

4）按照上述的操作方法，可以修改不同的局部区域施加压力载荷的大小，并重新进行求解，得到整体模型和平台上的应力结果，进一步通过统计和分析，可以得出局部区域压力大小对模型变形和应力的影响规律。

4.7　项目总结

1）装配 FEM 有两种处理方法，即关联装配 FEM 与非关联装配 FEM。本项目以支撑工作台模型为例，着重讲解了关联装配 FEM 的相关工作流程和应用方法，非常适宜处理不同工况下的装配体有限元分析。

2）在关联装配 FEM 中，需要理解导航器窗口中模型数据的结构关系，特别需要理解【afm】与【FEM】的结构关系。同时，装配组件中用到【映射新的】和【映射现有的】的两个命令，需要理解各自的作用和用法，在实践中加以灵活应用。

3）项目拓展部分介绍了局部区域受力的操作方法，局部区域形状和尺寸需要在理想化环境中进行操作，同时注意创建局部区域后在 FEM 环境中其网格需要更新操作。

第5章 面面接触有限元分析实例——传动轴和齿轮内孔过盈配合分析

本章内容简介

> 本章介绍了 NX【前/后处理】中【SOL 101 线性静态-全局约束】模块提供的线弹性【面对面接触】命令的基本特点、主要参数和应用场合，以发动机传动轴系过盈配合的两处接触面为研究对象，介绍了操作过程中命令主要参数的定义方法以及解算结果的显示方法，在项目拓展中介绍了不同过盈量和不同传递扭矩对接触面的接触应力和接触压力这两个评价指标的影响，进而可以预测孔轴装配的过盈量大小。

5.1 基础知识

在机械产品设计中，经常使用过盈连接来进行零部件的装配，零部件配合面之间通过弹性变形而产生的摩擦力来实现动力传递，接触表面之间的摩擦力和接触压力足够大时才能抵抗零部件之间的相互滑动。在该类设计中要考虑二个因素，一是过盈配合表面的接触压力大小要满足规定的大小，才能满足连接不松动；二是接触表面的应力要满足零部件材料的屈服强度条件，才能满足结构不会失效。NX 前/后处理功能提供了【面对面接触】命令，可以较好地处理这类孔轴过盈配合的性能评价问题。

5.1.1 面面连接命令的简介

面面连接包括平面与平面的连接和接触、圆柱面与圆柱面的连接和接触，NX 提供了【面对面接触】命令和【面对面粘连】命令来模拟，这两个命令的特点和应用场合如下。

1)【面对面接触】用于在实体的两个选定面之间或在不同组件之间创建并定义接触面，允许解算方案搜索并检测一对单元面何时开始接触。接触条件可防止面穿透，并允许具有可选摩擦效果的有限滑移。面对面接触的源区域和目标区域包含壳和体单元面，选择区域时可以从源区域的单元面投影顶部法线和底部法线。该命令主要应用于具有相对滑动趋势和具有过盈配合的曲面连接。

2)【面对面粘连】用于要粘连两个曲面。粘连是一种连接不同网格的简单且有效的方法，通过这种方法，可以正确传递位移和载荷，从而在接口处生成准确的应变和应力条件。

在粘连的边缘和曲面上的节点不需要重合。【面对面粘连】可以创建刚性弹簧或焊接型连接,该命令主要应用于阻止所有方向相对运动的曲面连接。

5.1.2 面面连接命令支持的解算方案

【面对面粘连】使用较为广泛,基本上适用于所有结构 NX Nastran 求解序列(SOL 701除外,轴对称解算方案中也不支持该类型)。【面对面接触】与【面对面粘连】支持的解算方案类型对比见表 5-1。

表 5-1 【面对面接触】与【面对面粘连】支持的解算方案

图 标	仿真对象	支持的结构解算方案类型
	面对面接触	SOL 101 线性静态(全局约束和子工况约束)、 SOL 105 线性屈曲、SOL 601,106 高级非线性静态
	面对面粘连	SOL 101 线性静态(全局约束和子工况约束)、 SOL 103 实特征值、 SOL 105 线性屈曲、 SOL 106 非线性静态、SOL 108 直接频率响应、 SOL 109 直接瞬态响应、 SOL 111 模态频率响应、 SOL 112 模态瞬态响应

5.1.3 面对面接触主要参数的解释

NX【前/后处理】提供的【面对面接触】命令中,其配对类型有【自动配对】和【手动】两种,选择不同的类型,其设置参数和操作方法有所区别,分别如图 5-1a 和图 5-1b 所示。一般模型中接触面数量少的情况下,采用自动配对操作效率高。

a)   b)

图 5-1 【面对面接触】两种配对类型

a)【自动配对】操作和参数设置界面   b)【手动】操作和参数设置界面

面对面接触参数的定义主要有两处:一个是【面对面接触】对话框中的参数,如图 5-2a所示为自动配对类型【面对面接触】对话框;另一个是与接触算法和策略相关的【Contact Parameters-Linear Global】(接触参数)设置对话框,如图 5-2b 所示。

a) b)

图 5-2 【面对面接触】主要设置参数

a)【面对面接触】对话框 b)【Contact Parameters-Linear Global】对话框

5.2 项目描述

轴和轴上零件的组合构成了轴系，它是机器的重要组成部分，其主要功能是支撑旋转零件、传递转矩和输送动力等。本实例中的传动轴和齿轮为摩托车发动机的传动部件，如图 5-3 所示，齿轮通过过盈配合安装在轴上（通过加热和压力等工艺），依靠过盈量产生的摩擦力和接触压力来实现齿轮扭矩的传递。

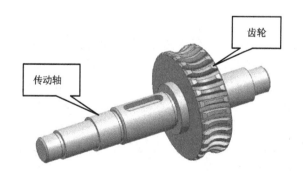

图 5-3 传动轴和齿轮过盈配合

过盈量越大，孔轴配合的接触面摩擦力越大，两者之间的接触压力越大，可以传递的动力越大，但是接触压力接近和超过传动轴或者齿轮材料的屈服强度时，会造成接触面材料的压溃失效而无法传递动力；而过盈量过小，孔轴配合接触面之间接触压力不足，会造成两者之间打滑，也无法传递动力。因此，合理大小的过盈量才能保证动力的可靠传递，有限元仿真就是常用的一种计算方法。

本项目就是借助 NX 前/后处理中的面面接触功能和 NX Nastran 的解算功能，建立不同过盈量大小的解算方案，查看各自工况下的接触应力、接触力和接触压力，和传动轴或者齿轮材料的屈服强度或者许用接触压力进行比较，从而选择较为合理的过盈量优化值。

5.3 项目分析

5.3.1 传动轴结构特点

传动轴与齿轮使用过盈装配工艺，孔轴直径方向的过盈量为 0.050mm，作用在齿轮上的扭矩为 1000N·m，利用齿轮与传动轴过盈接触面的相互挤压作用，在配合面内产生弹性变形而产生接触压力，工作时借此产生摩擦力来传递扭矩。过盈量的大小对传动轴、齿轮金属本身塑性变形以及安装、拆卸有很大的影响，不仅如此，在载荷传递方面，过盈量的大小也是根本性影响因素。因此在具体设计时，必须考虑过盈量对整个轴系的影响。同时，为了满足传递载荷的大小，也需要综合考虑最佳过盈量、接触长度和接触应力等因素。

5.3.2 传动轴过盈配合受力分析的特点

1）本实例的传动轴系属于曲面接触，可以使用【面对面接触】仿真对象类型。假设齿轮压入到传动轴上的过程是平稳的，整体过盈量为 0.050mm，则半径方向的偏置量为【0.025mm】。

2）传动轴与齿轮之间在过盈装配的情况下，要能抵抗所能传递的载荷扭矩，防止齿轮内孔和传动轴圆柱面之间的接触区域发生滑动；其次，要考虑在过盈装配下，孔轴过盈配合的最大接触应力小于材料的屈服强度。

本实例传动轴和齿轮的材料为【Iron_40】，其性能参数规定为：屈服强度为 135MPa，抗拉极限强度为328MPa，孔轴配合的接触应力许用值规定为 120MPa。

通过分析对比接触应力的大小来确定允许施加的过盈量或者外载荷之间的关系，即接触应力大于 120MPa，则施加的过盈量或者外载荷过大，必须降低相应的过盈量或者外载荷。

3）接触变形（应变）、接触应力（Von Mises）、接触力和接触压力是判断接触性能的 4 个重要指标，其中要获得接触压力和接触力这两个显示结果，需要在解算方案的【结果输出请求】选项中激活【接触结果】选项。

4）传动轴与齿轮的接触和动力传递有两处，一是两者径向过盈配合的接触连接，属于圆柱面接触形式；第二处为两者通过轴肩端面的轴向接触，属于平面与平面的接触形式。本项目均采用【面对面接触】命令进行模拟，两者的接触连接和动力传递的本质是一样的，只不过两者的过盈量大小不一样。

5.4　项目操作

5.4.1　创建孔轴配合 FEM 模型

1）打开 NX 11.0，单击【打开】按钮，打开文件【M0501_齿轮系.prt】，单击【前/后处理】选项，进入高级仿真模块。

2）在【仿真导航器】窗口中，右键单击【M0501_齿轮系.prt】节点，选择【新建 FEM 和仿真】命令，弹出【新建 FEM 和仿真】对话框，默认文件名称及文件夹位置，单击【确定】按钮；弹出【解算方案】对话框，选取【解算方案类型】选项框内的【SOL101 线性静态-全局约束】选项，默认其他求解环境中的各选项，单击【确定】按钮。

3）双击【M0501_齿轮系_fem1_i.prt】节点，进入理想化模型环境。单击【提升】按钮，框选整个零件对模型提升。单击【几何准备】下的【更多】按钮，选择【移除几何特征】命令，如图 5-4 所示，选择齿轮内孔端面的两边倒角进行几何特征移除操作。

4）右键单击【M0501_齿轮系_fem1_i.prt】节点，选择【显示 FEM】选项后的【M0501_齿轮系_fem1.fem】进入 FEM 环境。

图 5-4　移除几何特征

5）单击工具栏中的【3D 四面体】按钮，弹出【3D 四面体网格】对话框，在【选择体】中选择传动轴（M0501_传动轴.prt）三维模型，选择【CTETRA(10)】网格类型，单击【单元大小】下拉列表框后的【自动单元大小】按钮，单击【目标收集器】下拉列表框后的【新建收集器】按钮，弹出【网格收集器】对话框，如图 5-5 所示；在【网格收集器】对话框中单击【实体属性】下拉列表框后的【创建物理项】按钮，弹出【PSOLID】对话框，如图 5-6 所示；在【PSOLID】对话框中，单击【材料】下拉列表框后的【选择材料】按钮，在弹出的【材料列表】对话框中选择【Iron_40】，单击【确定】按钮退出对话框；再依次单击【确定】按钮，逐个关闭对话框，从而完成传动轴的网格划分。

图 5-5　【网格收集器】对话框

图 5-6　【PSOLID】对话框

6）采用同样的方法，完成齿轮（M0501_齿轮.prt）零件的网格划分，网格划分好的传动轴系装配模型的效果如图 5-7 所示。

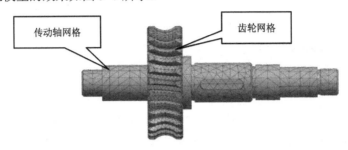

图 5-7　网格划分好后的传动轴系

5.4.2　创建 SIM 模型和定义面对面接触的参数

1）双击【仿真导航器】窗口中的【M0501_齿轮系_sim1.sim】节点，进入 SIM 仿真环境。

2）定义面对面接触参数。轴与齿轮的接触面有两对，其中一对是传动轴和齿轮内孔之间的径向过盈配合，半径方向的过盈量为 0.025，另一对则是两者轴肩之间的端面接触，过盈量则是 0。

① 首先设置第一个接触面，单击工具栏中的【仿真对象类型】按钮，选择其下的【面对面接触】命令，弹出【面对面接触】对话框。在对话框中，选择【类型】下拉列表框内的【手动】选项，单击【源区域】下拉列表框后的【创建区域】按钮，弹出【区域】对话框，【选择对象】为轴上与齿轮接触的圆柱面，如图 5-8 所示，单击【确定】按钮，返回【面对面接触】对话框。

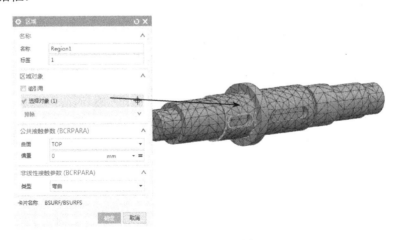

图 5-8　【源区域】选择

② 单击【目标区域】下拉列表框后的【创建区域】按钮，弹出【区域】对话框，【选择对象】为齿轮内圆柱面，如图 5-9 所示，在【偏置】参数框内输入【0.025】，表示半径方向的过盈量大小为 0.025mm。

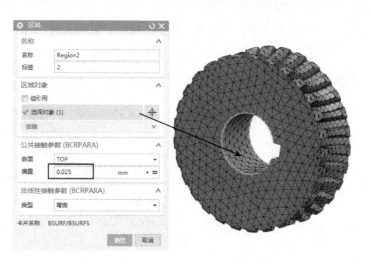

图5-9 【目标区域】选择

③ 单击【确定】按钮，回到【面对面接触】对话框中，在【静摩擦系数】参数框内输入【0.3】；在【局部接触对参数】下的【线性替代（BCTPARM）】选项后，单击【创建建模对象】按钮，弹出【Contact Parameters-Liner Pair Overrides 1】对话框，如图5-10所示；在【法向罚因子（PENN）】参数框内输入【1】，并单击其右侧的【添加】按钮；在【切向罚因子（PENT）】参数框内输入【0.1】，并单击其右侧的【添加】按钮。然后单击【确定】按钮，返回【面对面接触】对话框，完成面对面参数设置，如图5-11所示。

图5-10 【Contact Parameters-Liner Pair Overrides 1】对话框

图5-11 【面对面接触】对话框

④ 完成上述操作后再创建第二个接触面对，单击【面对面接触】按钮，弹出【面对面接触】对话框。选取【类型】下拉列表框内的【手动】选项；单击【源区域】下拉列表框后

的【创建区域】按钮，弹出【区域】对话框，【选择对象】为轴定位齿轮的台阶端面，如图 5-12 所示，单击【确定】按钮，返回【面对面接触】对话框。

图 5-12 【源区域】选择

⑤ 单击【目标区域】下拉列表框后的【创建区域】按钮，弹出【区域】对话框，【选择对象】为和传动轴轴肩对应的齿轮端面，如图 5-13 所示，在【偏置】参数框内输入【0】，表示过盈量大小为 0，单击【确定】按钮；

图 5-13 【目标区域】选择

⑥ 返回到【面对面接触】对话框中，在【静摩擦系数】参数框内输入【0.3】；在【局部接触对参数】下的【线性替代（BCTPARM）】选项后，单击【创建建模对象】按钮，弹出【Contact Parameters-Liner Pair Overrides 2】对话框，如图 5-14 所示；在【法向罚因子（PENN）】参数框内输入【1】，并单击其右侧的【添加】按钮 ；在【切向罚因子（PENT）】参数框内输入【0.1】，并单击其右侧的【添加】按钮 。然后单击【确定】按

钮，返回【面对面接触】对话框，完成面对面参数设置，如图 5-15 所示。

图 5-14 【Contact Parameters-Liner Pair Overrides 2】对话框   图 5-15 【面对面接触】对话框

3）添加约束。单击工具栏中【约束类型】下的【固定约束】按钮，选择传动轴两端的圆柱面作为固定约束，如图 5-16 所示。

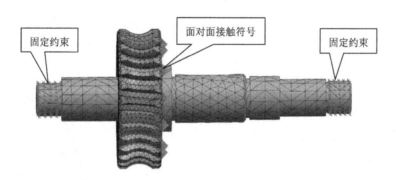

图 5-16　传动轴的固定约束

5.4.3　定义面对面接触的输出请求参数

1）在【仿真导航器】窗口中，右键单击【Solution1】节点，选择【编辑】选项，弹出【解算方案】对话框。在对话框中选择【工况控制】选项；单击【输出请求】选项后的【创建建模对象】按钮，弹出【Structural Output Requests1】对话框，如图 5-17 所示；选择对话框左侧的【接触结果】选项，勾选【启用 BCRESULTS 请求】复选框，单击【确定】按钮，返回到【解算方案】对话框。

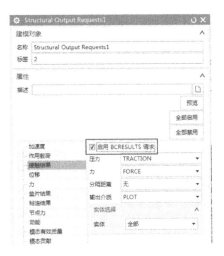

图 5-17 【Structural Output Requests1】对话框

2）单击【全局接触参数】选项框后的【创建建模对象】按钮，弹出【Contact Parameters –Linear Global 1】对话框，如图 5-18 所示。在【次参数 PCTPARM】下的【法向罚因子（PENN）】参数框内输入【1】，单击右侧的【添加】按钮 ；在【切向罚因子（PENT）】参数框内输入【0.1】，单击右侧的【添加】按钮 ，单击【确定】按钮。完成后的【解算方案】对话框如图 5-19 所示。

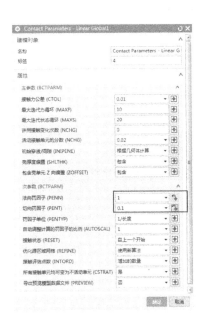

图 5-18 【Contact Parameters –Linear Global 1】对话框

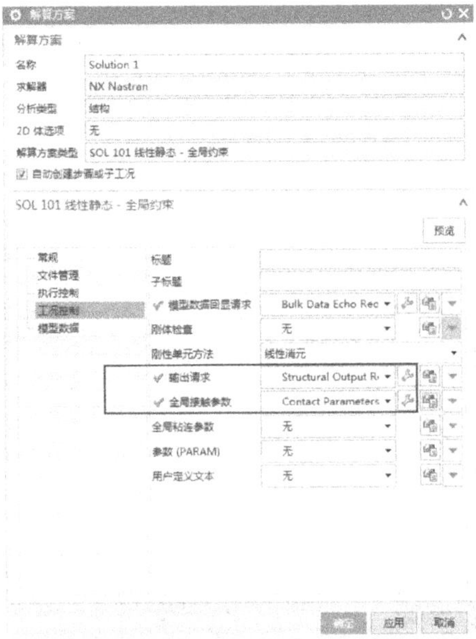

图 5-19 完成后的【解算方案】对话框

3）在【仿真导航器】窗口中右键单击【Solution1】节点，选择【求解】选项，弹出【求解】对话框，单击【确定】按钮后依次出现【模型检查】【分析作业监视器】【解算监视器】3 个对话框。出现【完成分析作业】提示后，关闭各信息窗口，双击出现的【结果】节点，进入解算结果的显示和后处理环节。

5.5 项目结果

5.5.1 查看孔轴配合接触变形和接触应力结果

1）在【后处理导航器】窗口中，增加了接触分析结果的类型：【接触牵引-节点】【接触力-节点】【接触压力-节点】3 种形式，可以展开各自的子节点查看相应的分析结果。

2）双击【后处理导航器】窗口中的【结构】节点，右键单击出现的【Post Vies1】节点，选择【编辑】选项，如图 5-20 所示。

3）弹出【后处理视图】对话框，在【显示】选项卡下单击【颜色显示】选项后面的【结果】按钮，如图 5-21 所示。弹出【平滑绘图】对话框，选择【坐标系】下拉列表框内的【绝对圆柱坐标系】选项，如图 5-22 所示，其他选项参数保留默认值，单击【确定】按钮。返回到【后处理视图】对话框下，单击【确定】按钮，即将后处理中模型的坐标系调整为绝对圆柱坐标系。

图 5-20 编辑云图显示坐标系

图 5-21 【后处理视图】对话框

图 5-22 【平滑绘图】对话框

4）展开【位移-节点】节点，双击【幅值】节点，查看在过盈接触状态下的传动轴系接触部位的整体变形情况，如图 5-23 所示。

5）在【后处理】窗口中选择【标识结果】命令，弹出【标识】对话框，在传动轴与齿轮接触的内表面中部选取 4 个节点，在列表中查看【平均值】为 0.017574，如图 5-24 所示。

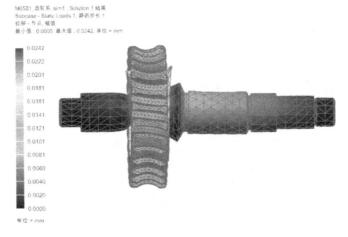

图 5-23　接触部位整体变形情况

图 5-24　查询接触部位的平均变形

6）展开【应力-单元】节点，双击【Von Mises】节点，查看在过盈接触状态下的传动轴系接触部位的【Von Mises（冯氏应力）】应力情况。在【后处理】窗口中选择【标识结果】命令，弹出【标识】对话框，在传动轴与齿轮接触的内表面中部选取 4 个节点，在列表中查看【平均值】为 208.447，如图 5-25 所示。

图 5-25　查询接触部位的平均应力

5.5.2 查看孔轴配合接触力和接触压力结果

1）展开【接触力-节点】节点，双击【幅值】节点，查看在过盈接触状态下的传动轴系接触部位的接触力云图。在【后处理】窗口中选择【标识结果】命令，弹出【标识】对话框，在传动轴与齿轮接触的内表面中部选取 4 个节点，在列表中查看【接触力平均值】为 202.951，如图 5-26 所示。

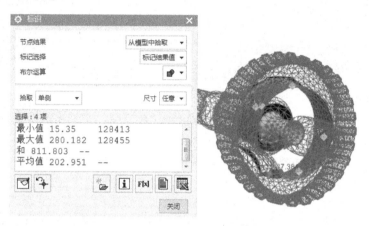

图 5-26 查询接触部位的平均接触力

2）展开【接触压力-节点】节点，双击【标量】节点，查看在过盈接触状态下的传动轴系接触部位的接触压力云图。在【后处理】窗口中选择【标识结果】命令，弹出【标识】对话框，在传动轴与齿轮接触的内表面中部选取 4 个节点，在列表中查看【接触压力平均值】为 118.083，如图 5-27 所示。

图 5-27 查询接触部位的平均接触压力

5.5.3 面对面接触性能的结果评价

通过上述分析结果的查看和初步评估，可以得到如下结论：

1）在齿轮与传动轴的端面接触边缘、轴承键槽等处存在着应力集中现象，应力集中的数据会影响性能评价的效果，需要合理看待这些应力集中的相关数据，同时需要分析有限元解算过程中产生应力集中的原因。实际生产中，可以通过对键槽等边缘处进行倒角处理，从而减少应力集中现象的产生。

2）接触部位平均接触压力为 118.083MPa，没有超过设计规定的许用接触压力 120MPa，证明上述设计的过盈量不会对接触面失效造成潜在的破坏。换句话说，如果通过有限元方法计算出的接触压力超过了许用应力，则需要减少过盈量的大小。

5.6 项目拓展

5.6.1 施加扭矩载荷的操作过程

（1）克隆解算方案

在【仿真导航器】窗口中右键单击【Solution1】节点，在弹出的快捷菜单中选择【克隆】命令，右键单击出现的【Copy of Solution 1】节点，从弹出的快捷菜单中选择【重命名】命令，修改为【Solution 2】。

（2）施加扭矩载荷

1）保持【Solution 2】节点下的【Subcase–Static Loads 1】子节点为激活状态（蓝色显示由于本书采用黑白印刷，具体请参照网盘素材文件），如果未被激活则进行如下操作：右键单击【Solution 2】节点下的【Subcase–Static Loads 1】子节点，选择【激活】命令。

2）右键单击【Subcase–Static Loads 1】节点下的【载荷】子节点，从弹出的快捷菜单中选择【新建载荷】命令，再选择弹出的【扭矩】命令，弹出【Torque 3】对话框，如图 5-28 所示，选择齿轮上与传动轴接触的圆柱表面添加扭矩载荷，在【扭矩】参数框内输入【1000】。

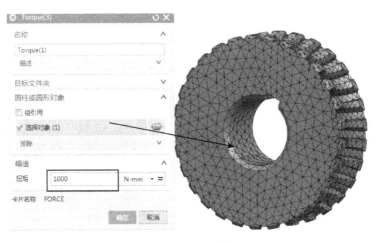

图 5-28 【扭矩】选择图

（3）求解

施加扭矩载荷后，右键单击【Solution 2】节点，选择【解算】命令进行解算。

（4）后处理结果查看

1）展开【位移-节点的】节点，双击【幅值】节点，查看在过盈接触状态下的传动轴系接触部位的整体变形情况，如图 5-29 所示。在【后处理】窗口中选择【标识结果】命令，弹出【标识】对话框，在传动轴与齿轮接触的内表面中部选取 4 个节点，在列表中查看【平均值】为 0.047517，如图 5-30 所示。

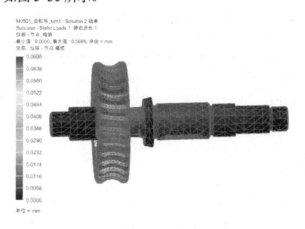

图 5-29　接触部位整体变形情况

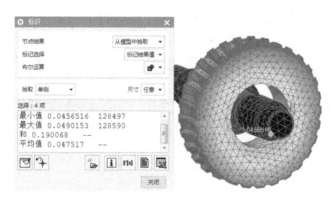

图 5-30　查询接触部位的平均变形

2）展开【接触压力-节点】节点，双击【标量】节点，查看在过盈接触状态下的传动轴系接触部位的接触压力云图。在【后处理】窗口中选择【标识结果】命令，弹出【标识】对话框，在传动轴与齿轮接触的内表面中部选取 4 个节点，在列表中查看接触力的【平均值】为 125.327，如图 5-31 所示。

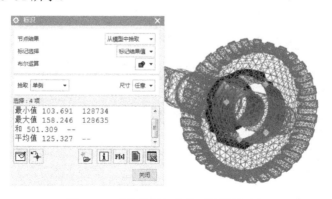

图 5-31　查询接触部位的平均接触压力

5.6.2 扭矩和过盈量的变化对接触性能影响

在上述操作过程和方法的基础上，还可以进行以下有限元计算。

1）孔轴的过盈量大小不变，修改扭矩值大小，采用【克隆】命令建立若干个解算方案，通过结果的显示和统计，可以比较不同扭矩大小对接触应力和接触压力的影响规律。

2）孔轴的传递扭矩值不变，修改过盈量大小，采用【克隆】命令建立若干个解算方案，通过结果的显示和统计，可以比较不同过盈量大小对接触应力和接触压力的影响规律。

限于篇幅，在此仅仅提出思路和要求，操作过程不再赘述，请读者自己完成上述要求。

5.7 项目总结

1）机械结构中常见的面面接触包括圆柱面接触和平面接触两种形式，接触连接常采用【面对面接触】与【面对面粘连】两种命令，实际应用中需要了解它们各自的定义和应用场合。

2）本项目传动轴系的连接结构中，其孔轴过盈配合采用了【面对面接触】命令来模拟接触面的动力传递，而解算结果中的应力和接触压力是评判动力传递性能的常用指标。

3）本项目传动轴系中，传动轴和齿轮之间有两对接触面，分别是孔轴之间的径向配合和轴肩之间的端面接触，在【面对面接触】对话框中设置的过盈量大小不一样。

4）本项目拓展中，可以通过【克隆】命令建立不同过盈量大小的解算方案，还可以计算不同过盈量大小和不同传递扭矩等工况，来评判各自的动力传递性能。

第6章 2D 装配有限元分析实例——集热器支架受力分析

本章内容简介

本项目以集热器支架为研究对象，根据装配件的结构特点采用 2D 网格来模拟钣金件，采用 1D 连接和蛛网连接模拟构件之间的螺栓连接，大大简化了模型，提高了解算方案的计算效率；最后在项目拓展模块中介绍了复杂模型抽取中面的方法和 2D 单元的常见修补方法。

6.1 基础知识

6.1.1 2D 单元类型和用途

1. 2D 单元类型

2D 单元（也称为面单元）用于表示相对于其他维度单元而言厚度较小的一种结构。2D 单元可用于模拟板单元（平面）或壳单元的建模，其中壳单元可以具有单曲率（例如柱面），也可以有双曲率（例如球面）。

在 NX 有限元中，可以使用的 2D 单元类型有壳单元（CQUAD4、CTRIA3、CQUAD8、CTRIA6、CQUADR、CTRIAR）、剪切面板（CSHEAR）和 2D 裂纹尖端单元（CRAC2D），对于线性有限元分析，NX 板单元的定义和假定符合薄板特性的经典假设：

1）薄板厚度远远小于宽度或长度尺寸。

2）板的中位面挠度较其厚度而言非常小。

3）在弯曲过程中，中位面不发生应变（中性面），该特点适用于横向载荷，但不适用于面内载荷。

4）中位面的法线在弯曲过程中保持不变。

2. 2D 单元类型用途

1）薄壁类零件有限元分析适宜采用 2D 网格划分。

2）具有 1D 单元的管道以及具有 2D 单元的薄壁建模场合。

3）对于某些模型（如中位面模型），面上只需要有 2D 网格就可以满足分析要求，但是在其他类型的模型中，可能需要在体上生成 3D 网格，这些情况下，可能需要预先在选定的面上创建 2D 网格，然后当要生成 3D 网格时，NX 使用现有的 2D 网格作为起始点，从该处创建整个体的 3D 网格。

6.1.2 2D 网格命令主要参数

NX 的 FEM 环境提供的【2D 网格】命令及其对话框如图 6-1 所示，其中对话框中主要选项及其参数见表 6-1。

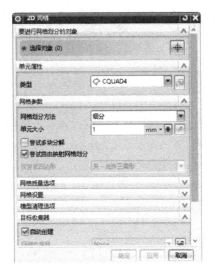

图 6-1 【2D 网格】对话框

表 6-1 【2D 网格】主要选项及其网格参数说明

序号	选项	子 项	内 容	含义或者用途
1	单元属性	（单元结构）类型	CQUAD4	4 节点四边形 2D（板、壳）单元
2			CQUAD8	8 节点四边形 2D 单元
3			CTRIA3	3 节点三角形 2D 单元
4			CTRIA6	6 节点三角形 2D 单元
5	网格参数	网格划分方法	细分	采用递归细分算法，生成自由的、非结构化网格
6			铺砌	使用混合网格划分方法，在外部边界和任何内部孔周围生成结构化更强的网格（更能模拟边界形状），并在几何体的其余部分生成自由网格
7		单元大小	手动输入	指定选定面的目标单元大小
8			自动输入	检查选定的几何体并由软件自动估算单元的大小
9		尝试多块分解	（勾选选项）	在内部将具有多个接近 90°角的面细分为若干个结构化的网格
10		尝试自由映射网格划分	（勾选选项）	创建映射网格（接近于结构形状）
11		仅尝试四边形	关-允许三角形	软件将创建包含部分三角形单元的四边形网格，此类网格称为"以四边形为主的"网格
12			开-零个三角形	软件将创建不包含任何三角形单元的网格。使用此选项时，如果软件无法创建仅含有四角形单元的网格，则也不会生成网格
13			开-单个三角形	软件将创建在每个选定面中最多包含一个三角形单元的网格。使用此选项时，如果软件无法沿面边界建立节点的奇偶同位（节点数为偶数），则只会插入一个三角形单元

（续）

序号	选项	子项	内容	含义或者用途
14	网格质量选项	（勾选）尝试修复未通过检查的单元	将节点移离几何体	允许软件将节点从多边形几何体开较小距离来修复以下类型的质量问题，从而修正单元质量问题：单元小于指定的最小单元长度值
15			最大翘曲阈值	适用于四边形单元，可控制单元曲面中允许的最大角度
16			雅可比	指定单元可接受的最大雅可比值。如果任何给定单元的雅可比值超出阈值，且中节点设置为混合，则软件不会将单元的中节点投影到关联几何体
17			最大/小夹角	1）用于为四边形和三角形单元指定可接受的最大和最小内角值
18				2）四边形单元的理想内角值为 90°，标准可接受值范围是 40°（最小）～150°（最大） 3）三角形单元的理想内角值为 60°度，标准可接受值范围是 20°（最小）～140°（最大）
19	网格设置	将网格导出至求解器	（勾选选项）	控制在导出或求解模型时，软件是否在求解器输入文件中包括 2D 网格数据。如果只使用此 2D 网格作为 3D 网格的种子网格，则应取消勾选此选项
20		基于曲率的大小变化	（调整选项）	用于改变较高曲面曲率区域中的单元大小。这有助于在曲率较高的区域中创建更多较小的单元，选择曲面的曲率可确定软件是否转换单元大小
21	模型清理选项	CAD 曲率抽象化	（勾选选项）	在几何抽取过程中使用曲率分析方法保留部件特征的表示。一般来说，此选项可改善相对薄壁且具有曲率的部件上的四边形网格
22		小特征公差	（调整选项）	指定单元大小的百分比，作为在网格划分前的抽取进程中，用来确定要消除哪些小特征公差
23		小特征值	（勾选选项）	显示计算的小特征值。使用此值可同时确定将哪个特征视为网格划分的小特征和目标最小单元长度
24		最小单元长度	（勾选选项）	显示模型中最短单元边的长度，不能修改此值
25		抑制孔	（勾选选项）	在网格划分进程中，使用此选项可移除片体中的孔（例如中面片体），将移除孔径小于指定阈值的所有孔。可以移除一个面内的孔、跨多个面的孔、圆形和非圆形孔
26		孔径	（勾选选项）	指定要抑制的孔的大小。单击确定或应用时，将抑制所有孔径小于此值的孔
27		点创建	（勾选选项）	控制软件是否在被抑制孔的中心创建点。如果不需要软件在被抑制孔的中心创建点，则选择【无】
28		合并边	（勾选选项）	控制软件是否先移除不需要的顶点，然后合并关联的边，可防止软件在网格划分过程中在该位置生成节点
29		匹配边	（勾选选项）	如果网格划分为多个片体，该选项控制软件是否匹配不同片体边上的节点，以生成连续网格

6.1.3 2D 单元网格划分的方法

1）2D 网格的划分，往往与【理想化几何体】一块使用，比如本项目中的支架构件（钣金折弯件，厚度为 2mm），先使用【中位面】命令简化薄壁几何体，并创建一个连续的曲面特征，该特征位于一个实体内两个相反面之间。新的曲面或者中位面包含有关曲面对的几何厚度信息。其中还可以利用【缝合】【修剪】【延伸】等辅助命令来进行理想化模型操作，在此不再赘述。

2）在理想化几何体基础上的 FEM 环境中进行 2D 网格划分，所涉及的具体命令有【2D网格】【2D 映射网格】【2D 相关网格】【2D 局部重新划分网格】等，各个命令简介如下。

①【2D 网格】：在选定的面上生成线性或抛物线三角形或四边形单元网格，一般也称为

壳单元或者板单元。

②【2D 映射网格】：指定要创建的 2D 单元类型，如线性三角形单元或线性四边形单元。该命令允许在选定的三边和四边面上创建映射网格。如果在三边面上生成映射网格，可以控制网格退化所在的顶点。

③【2D 相关网格】：使用 2D 相关网格可在模型中的不同面上创建相同的自由网格或映射网格，在操作中需要选择主面（独立面）和目标面（相关面）。当软件在这些面上生成网格时，它会保证目标面上的网格与主面上的网格匹配，该命令可应用于各种建模情况。例如，可以在选定面之间创建相关网格，用来对面面接触问题进行建模；也可以在弯边网格划分的情况下创建相关网格，此情况需要仔细沿弯边匹配网格。

④【2D 局部重新划分网格】：对于几何体所关联的 2D 网格，可使用 2D 局部重新划分网格命令在非常具体的区域内有选择地细化或粗化单元，而不必重新生成整个网格。例如，解算模型后会发现，作用载荷和结构响应要求细化网格的特定区域，可使用 2D 局部重新划分网格来缩小该区域中单元的大小。

6.1.4 RBE2 单元和蛛网连接使用场合

1)【RBE2】：属于刚体单元，定义具有独立自由度（在单个节点上指定）以及具有相关自由度（在任意数量节点上指定）的刚体。RBE2 单元使用约束方程，将相关自由度的运动耦合为独立自由度的运动。因此，RBE2 单元不会直接生成结构的刚度矩阵，而且可以避免生成病态刚度矩阵。RBE2 为牢固连接多个节点的相同分量提供了非常便利的工具。

2)【蛛网连接】：可用于将具有刚性单元或约束单元的单个节点（核心节点）连接至多个节点（分支节点）。可用于创建蛛网连接的单元类型取决于指定的求解器，在创建蛛网连接时注意事项如下。

① 选择的第一个点会变成核心节点。

② 选择的边或面可定义分支节点的位置，可使用智能选择方法来选择分支节点。

③ 在创建蛛网连接后，可编辑单元属性，使特定的自由度变为活动或不活动状态。

6.1.5 2D 和 3D 常见连接方法和应用

（1）用于创建蛛网连接的 1D 连接类型

1）使用点到边或点到面选项，将具有刚性或约束类型单元的单个节点（核心节点）连接至多个节点（分支节点）。

2）使用点到点或节点到节点选项来定义蛛网单元，这些连接可更好地控制分支节点位置，并在使用蛛网单元来分布质量或载荷时特别有用。

3）通过边到边选项来使用 RB2 与 RBE3 单元的组合，将源边连接至目标边。

（2）蛛网单元的典型应用

1）用来模拟销孔中的销轴。如图 6-2 所示，使用两个点到面连接和一个节点到节点梁单元对销轴进行建模。在孔的中心位置定义蛛网单元的核心节点，并且分支节点连接到孔内圆柱面中的网格。

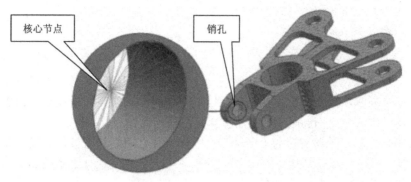

图 6-2　模拟销孔中的销轴

2）用来模拟螺栓连接。如图 6-3 所示，使用点到边连接来模拟螺栓头部和被压紧零件端面之间的连接。还可以模拟螺栓和螺纹孔之间的连接，或者螺栓和螺母的连接，同时使用 1D 梁单元对螺栓轴进行建模。在对螺栓建模后，可使用螺栓预紧力边界条件应用预拉伸载荷。

图 6-3　表示螺栓头部和螺孔端面的连接

3）添加和分布质量或载荷。在图 6-4 所示的摩托车示例中，RBE3 单元的节点到节点连接将骑车人的质量（由集中质量单元表示）分布到车座和车把。在此示例中使用 RBE3 的原因是它包括质量而不会添加刚度。

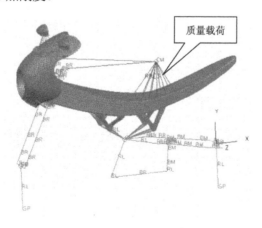

图 6-4　摩托车添加载荷的示例

6.2 项目描述

支架类零件(通过钣金折弯或者角钢焊接等工艺连接和制作而成)是机械工程中常用的零部件之一,主要起承受机体载荷、支撑、固定等作用。这类零件最显著的特点是由一些管类和薄板类零件构成,它们的刚度和强度核算是确保产品性能的关键。

本项目中所述的集热器支架为太阳能阳台壁挂集热器所用的支撑件,其主要作用是对集热器进行支撑和固定。如图 6-5 所示,通过两个支架固定和支撑住一个集热器,支架通过各自的后固定架借助螺栓和墙面固定在一起。

图 6-5　集热器支架安装情况

6.2.1　集热器支架设计要求

本项目中支架由后固定架、3 个侧撑、上支撑板和下支撑板组成,各个杆件均为钣金折弯件,钣金材料为【Steel】(NX 库材料),钣金厚度为 2mm,各支架之间通过螺栓连接成一个支架整体。

其中集热器重量约为 36kg,具体安装及受力情况如图 6-6 所示,现分析整体支架受力后的变形和应力情况,主要分析其承载后最大应力在哪个杆件上,最大应力值为多少。在确保支架设计的安全系数基础上,能够优化支架的自身重量,即兼容支撑性能和质量。

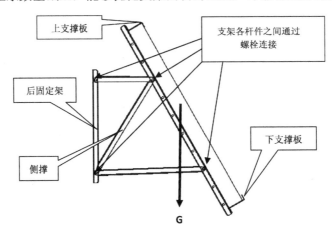

图 6-6　集热器支架受力情况

6.2.2　集热器支架分析思路

1）根据实际安装情况，本项目只将单个集热器支架作为分析对象，把后固定架和墙面的螺栓连接简化为后固定架侧面的固定约束。

2）太阳能集热器的重量设置为原来总重量的 1/2，即支架承受的载荷为 18kg。为简化太阳能集热器整个模型的网格划分规模，将其重量简化成 0D 单元，再借助蛛网连接形式，将重量均匀地传递给支架。

3）对本支架的各个构件和螺栓连接采用 3D 划分网格的方法来建立 FEM 模型，势必造成模型容量过大；而薄壁件在 3D 划分网格时，其最小单元大小必须小于壁厚大小，否则会因单元形状畸形而导致无法通过单元质量检查，所以需要对构件的网格划分采用简化方法。主要思路是：杆件采用 2D 单元来模拟，各杆件的螺栓连接使用 1D 连接和蛛网连接来模拟。

6.3　项目操作

6.3.1　支架装配模型处理

1）打开 NX 11.0，单击【打开】按钮，选中文件【M06_集热器支架.prt】，在三维建模环境中打开支架装配的主模型（由后固定架、3 个侧撑、上支撑板和下支撑板等组成）。

2）根据支架分析的简化思路，把太阳能集热器删除，在其重心处建立一 0D 单元，用一个质量点来模拟太阳能集热器的质量。

单击菜单栏中的【插入】中的【基准/点】节点，选择【点】节点，弹出【点】对话框，如图 6-7 所示。【类型】下拉列表框中选择【两点之间】选项，【指定点 1】选择三维模型中平板上表面的右上方顶点，【指定点 2】选择三维模型中平板下表面的左下方顶点，如图 6-8 所示，单击【确定】按钮，创建太阳能平板的重力施加点（重心点）。

图 6-7　【点】对话框　　　　　图 6-8　指定点 1 和指定点 2 的选择

3）在【装配导航器】中右键单击【M06_平板】节点，选择【删除】节点，删除太阳能平板集热器模型（M06_平板）和【M06_支撑_上】，如图 6-9 所示。

图 6-9　删除平板模型

6.3.2　创建 2D 装配 FEM 模型

1）单击【应用模块】中的【前/后处理】节点，进入前/后处理环境，右键单击【M06_
集热器支架.prt】节点，选择【新建 FEM 和仿真】节点，弹出【新建 FEM 和仿真】对话
框，单击【几何体】下的【几何体选项】节点，弹出【几何体选项】对话框，勾选【要包含
的 CAD 几何体】下的【点】复选框，如图 6-10 所示，单击【确定】按钮返回到【新建
FEM 和仿真】对话框，单击【确定】按钮。弹出【解算方案】对话框，默认各选项，单击
【确定】按钮。此时【仿真导航器】中的各节点如图 6-11 所示。

图 6-10　几何体选项对话框

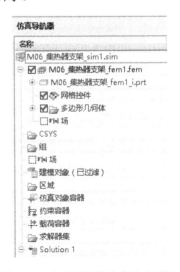

图 6-11　仿真导航器中各节点显示

2）双击【M06_集热器支架_fem1_i.prt】节点，进入理想化几何体界面。单击菜单栏中的【提升】按钮，弹出【提升体】对话框，用鼠标框选集热器支架三维模型，单击【提升体】对话框中的【确定】按钮。

3）单击菜单栏中【按面对创建中面】按钮，弹出【按面对创建中面】对话框，选择集热器支架的其中一个杆件，【显示选项】中勾选【应用时隐藏实体】，单击对话框中的【自动创建面对】 按钮，如图 6-12 所示，单击【确定】按钮。同样的操作，依次选择其他杆件。最后集热器支架显示如图 6-13 所示，均为片体结构。

图 6-12　【按面对创建中面】对话框

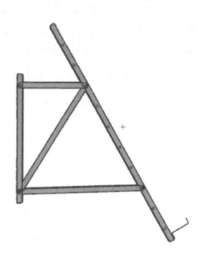

图 6-13　集热器支架中面显示状态

4）右键单击仿真导航器中的【M06_集热器支架_fem1_i.prt】下的【显示 FEM】节点，单击【M06_集热器支架_fem1.fem】节点，进入 FEM 环境。在仿真导航器中，展开【多边形几何体】，取消勾选【Polygon Body（1）】至【Polygon Body（7）】复选框，仅显示片体，如图 6-14 所示。

图 6-14　仿真导航器中多边形几何体

5）单击菜单栏中的【2D 网格】按钮，弹出【2D 网格】对话框。本实例中为了简化起见，直接用鼠标框选集热器支架进行 2D 网格划分，在【类型】下拉列表框中选择【CQUAD8】，在【单元大小】参数框中输入【3】，勾选【将网格导出至求解器】复选框，单击【确定】按钮，进行 2D 网格划分。

6）在【仿真导航器】中双击【2D 收集器】中【ThinShell(1)】节点，在弹出的【网格收集器】对话框中，定义【类型】为【PSHELL】，单击【壳属性】右侧的【创建物理项】按钮，在弹出的【PSHELL】对话框中定义【材料 1】为【Steel】，【默认厚度】为【2mm】。

7）单击【连接】菜单中的【1D 连接】按钮，弹出【1D 连接】对话框，在【类型】选项框中选择【点到点】选项，在【单元属性】子项的【类型】选项框中选择【RBE2】选项。选取各杆件连接处的销钉孔圆心，建立 1D 连接，如图 6-15 所示。

其他连接部位按照同样的操作进行，建立各连接处的【点到点】1D 连接。

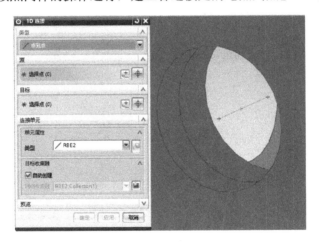

图 6-15　连接处孔圆心的 1D 连接

8）单击菜单中的【1D 连接】按钮，弹出【ID 连接】对话框，在【类型】下拉列表框中选择【点到边】选项，建立各杆件连接处的销钉蛛网连接，如图 6-16 所示。

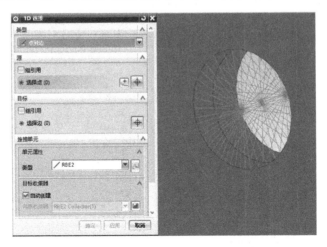

图 6-16　连接处孔的销钉蛛网连接

其他连接地方按照同样的操作进行，建立各连接处的【点到边】1D 连接。

9）建立太阳能集热器与支架之间的连接。单击菜单中的【1D 连接】按钮，弹出【ID 连接】对话框，在【类型】下拉列表框中选择【点到面】选项，选取之前建立的点（太阳能平板的重心点）后再选择支架的支撑面，如图 6-17 所示。

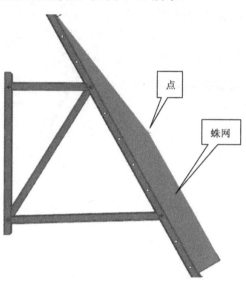

图 6-17　1D 连接中的点到面

提示

各杆件连接处一定要建立足够的、合理的 1D 连接和蛛网连接，确保约束和载荷的传递。

10）使用【0D 网格】来模拟施加太阳能集热器的重量。

单击【网格】菜单栏中的小三角符号，出现下拉菜单，单击【0D 网格】按钮，弹出【0D 网格】对话框，如图 6-18 所示，选择之前建立的太阳能平板重心点作为载荷施加点。在【单元属性】中的【类型】下拉列表框中选择【CONM2】选项，单击右侧的【编辑网格相关数据】按钮，弹出【网格相关数据】对话框，在【质量】参数框中输入【18】，单击【确定】按钮，如图 6-19 所示。

图 6-18　【0D 网格】对话框

图 6-19　【网格相关数据】对话框

6.3.3 创建 2D 装配 SIM 模型

1）双击【仿真导航器】中的【M06_集热器支架 sim1.sim】节点，进入仿真环境下。单击菜单栏中的【约束类型】节点，选择下面的【固定约束】命令，选择集热器支架的后固定杆面作为固定约束面（实际安装过程为固定在墙面上）。

2）单击菜单栏中的【载荷类型】节点，选择下面的【重力】命令，弹出【Gravity(1)】对话框，【指定矢量】选择集热器支架的后固定杆的竖直方向为重力方向。如图 6-20 所示。

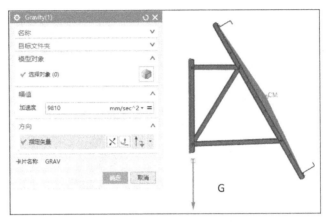

图 6-20　施加重力

3）单击菜单中【仿真对象类型】节点，选择【面对面接触】命令，弹出【Face Contact(1)】对话框，创建面面接触，如图 6-21 所示，在【静摩擦系数】参数框中输入【0.1】，单击【确定】按钮。

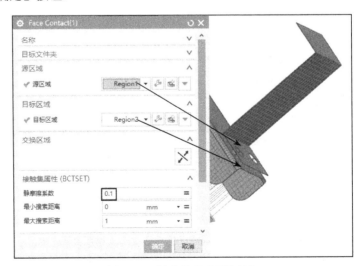

图 6-21　创建【面对面接触】

6.3.4 2D 和 1D 连接装配模型求解

1）右键单击仿真导航器，选择【求解】命令，弹出【求解】对话框，单击【编辑解算方案属性】节点，弹出【求解方案】对话框，如图6-22所示。

2）在【工况控制】中的【参数（PARAM）】选项框中，单击其右侧的【创建建模对象】🖼️按钮，弹出【Solution Parameters1】对话框，选择【AUTOMPC】并将其修改为【YES】，单击右侧的【添加】🔧按钮，如图6-23所示，其他参数均为默认。

3）单击【确定】按钮后返回【求解】对话框，单击【确定】按钮后进行求解，并等待求解结果。

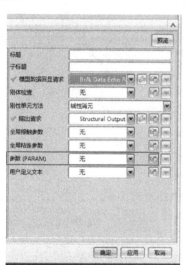

图6-22　在【解算方案】对话框中设置参数

图6-23　【Solution Parameters1】对话框

6.4　项目结果

6.4.1　支架整体模型后处理显示

1）等待解算完成后，双击仿真导航器中的【结果】节点，进入后处理导航器。

2）双击【应力-单元】节点，窗口中出现模型的应力云图。右键单击【Post View1】节点，选择【编辑】节点，弹出【后处理视图】对话框。

3）单击【边和面】节点，在【主显示】中的【边】下拉列表框中选择【特征】子项，单击【确定】按钮，支架装配模型的应力云图及其显示效果如图6-24所示。

6.4.2　2D单元结果单独显示

1）在后处理导航器中【Post View1】节点下勾选【2D单元】节点，其他节点抑制不必显示，如图6-25所示，窗口中仅显示【2D单

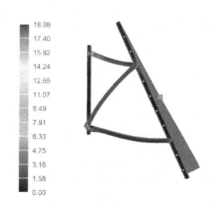

图6-24　支架整体模型的应力云图和显示效果

元】的应力云图，如图 6-26 所示，同时通过【注释】命令可以读出该单元的最大应力值，或者通过【标识结果】命令可以读出单元上所关注节点或者区域的应力值。

2）采用同样的操作方法，可以分别显示和读出【连接器单元】和【其他单元】的应力云图和相应的最大值，限于篇幅，在此不再赘述。

图 6-25　只显示 2D 单元

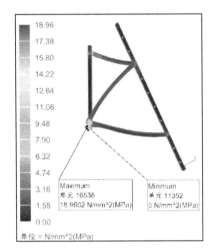

图 6-26　2D 单元的应力云图

通过上述的显示操作方法，可以读出支架整体上的最大应力及其所在的杆件位置，以及每个杆件和螺栓轴的最大应力值，为评价支架的刚度和强度提供了数值来源。

6.5　项目拓展

6.5.1　复杂模型抽取中面的方法和应用

本项目拓展对图 6-27 所示的异形复杂实体模型进行抽取中面的操作，主要步骤如下。

1）打开 NX 11.0，单击【打开】按钮，选中文件【M06_抽取中面.prt】，单击【确定】按钮。

2）进入【前/后处理】环境，右键单击【M06_抽取中面.prt】节点，选择【新建 FEM】节点，进入 FEM 环境。

3）右键单击【仿真导航器】中的【M06_抽取中面_fem1_i.prt】节点，选择【设为显示部件】节点，进入理想化模型环境。

4）对模型进行【提升】，调用【拆分体】命令将模型拆分为上下两个实体。

5）单击【按面对创建中面】按钮，分别选中两个实体，单击【自动创建】按钮，即可创建出两个片体，如图 6-28 所示，可以观察到两个片体处于分离状态，需要对它们进行连接操作。

6）单击【几何体准备】一栏中的【更多】节点，选择【延伸片体】命令，弹出【延伸片体】对话框，如图 6-29 所示。单击【选择边】，选择下方实体的上边线，在【限制】下拉列表框中选择【直至选定】选项，单击【选择面】，选择第一个实体的底面，单击【确定】

按钮，两个片体即被连接到一起，形成了一个片体，如图 6-30 所示。

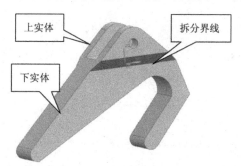

图 6-27 实体模型

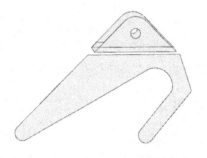

图 6-28 【按面对创建中面】的效果

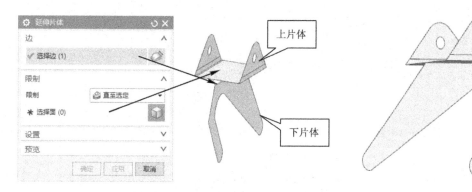

图 6-29 【延伸片体】对话框

图 6-30 延伸片体并形成一个片体后的效果

通过此项目拓展可得到如下经验。

1）一般的模型，采用使用【按面对的中面】命令可定义面对，并生成中间片体。

2）对于一些复杂的曲面，可以通过【偏置曲面】创建中面的方法来建立 2D 所需曲面，这时使用建模偏置曲面命令来完成。通常，偏置曲面的操作更可靠。

6.5.2 2D 单元常见修补方法

2D 单元的常见修复方法有【拆分边】【拆分面】【合并边】【合并面】【抑制孔】【缝合】等命令。

1）使用【拆分边】命令可在指定位置将一条边拆分成两条独立的边。【拆分边】命令用于将模型中的任何多边形边拆分成两条独立的边。

发生以下情况时需要拆分边：一是在一条边的不同部分要定义不同的边界条件；二是需要拆分面。

2）使用【拆分面】命令，可以将选定的面分成多个面，以进行更细致的局部形状编辑。

3）使用【合并面】命令，可将选定的面组合为单个面，如图 6-31 所示为合并前后的效果。

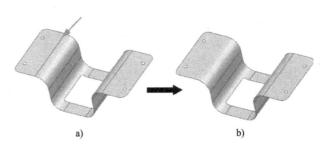

图 6-31 合并面命令使用

a) 合并面之前 b) 合并面之后

4）使用【抑制孔】命令，可根据指定的直径自动或者手动抑制片体中的孔，如图 6-32 所示。

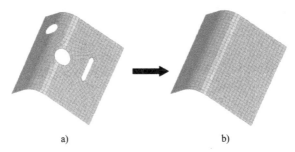

图 6-32 抑制孔命令使用

a) 抑制孔之前 b) 抑制孔之后

5）使用【缝合】命令，可以将两条独立的边连接为一条边，或者将一条边缝合到一个面中，尤其适用于去除在薄壁部件上创建中面时所出现的自由边，如图 6-33 所示。也可以使用缝合来修复模型中曲面之间的小缝隙或裂纹。

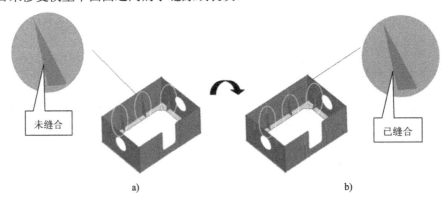

未缝合

已缝合

图 6-33 缝合命令使用

a) 缝合之前 b) 缝合之后

提示

读者可以使用 3D 网格划分的方法对该装配体进行分析（装配体分析方法以及操作过程参考第 4 章），比较使用【3D 网格】与【2D 网格】两者建模方法对分析结果误差和操作效率的差异。

6.6　项目总结

1）对于含有钣金、支架、桁架、管道等类型的装配件，在有限元分析的建模中，采用【2D 网格】【0D 单元】【1D 连接】等命令代替 3D 实体网格划分的方法，具有模型容量小、解算效率高等优势。

2）对于薄壁件、壳体类和钣金类零件，可以在理想化环境中采用创建中面的方法来简化模型，有效减少模型的容量。

第7章　1D 梁有限元分析实例——铰支梁受力分析

本章内容简介

　　本章介绍了经典梁力学计算的理论基础知识，包括平面弯曲假设、中性轴、剪切中心等知识点。对矩形截面梁的弯曲问题进行分析，将理论计算和 NX 有限元仿真的解算数值进行对比，得到了一致的结果。在项目拓展中，介绍了复杂截面（槽形）梁的弯曲问题，以及采用销标志释放端点自由度模拟运动副的相关知识和应用方法。

7.1　基础知识

7.1.1　1D 单元的类型和用途

　　1D 单元用于描述两个节点之间直线或曲线结构的刚度，主要应用于梁、桁架、加强筋、网格连接等结构，表 7-1 列出了 NX Nastran 中 1D 单元的类型和用途。

表 7-1　1D 单元的类型

单元类型	名　称	说　明	用　途
CBAR	简单梁单元	主要承受弯矩，引用 PBAR 或 PBARL 定义属性	剪切中心和中性轴重合的梁
CBEAM	复杂梁单元	主要承受弯矩，引用 PBEAM 或 PBEAML 定义属性	开口截面梁、截面渐变梁
CBEND	弯杆单元	轴线弯曲的杆状结构，引用 PBEND 定义属性	弯曲结构采用 CBEND 更准确
CONROD	连杆单元	只能传递拉压载荷和绕着轴线的扭矩，直接在定义单元时给出属性，无须引用属性卡片	二力杆、不能传递弯矩
CROD	杆单元	与 CONROD 类型，需要引用 PROD 定义属性	二力杆、不能传递弯矩
CTUBE	圆管单元	也是一种杆单元，但只能是圆管或实心圆杆	二力杆、不能传递弯矩
CVISC	阻尼单元	描述粘滞阻尼，包括拉压阻尼和扭转阻尼	粘滞阻尼器

7.1.2　CBAR 和 CBEAM 梁单元的区别

　　杆单元支持拉伸、压缩和绕轴线的扭转结构，但不支持弯曲，梁单元在杆单元基础上还支持了弯曲结构，NX Nastran 区分了"简单"梁和"复杂"梁，如下所示。

　　1）简单梁使用【CBAR 单元】建模，要求梁的横截面属性一致。【CBAR 单元】还要求剪切中心与中性轴重合。因此，可能发生扭曲（warp）的梁不能用【CBAR 单元】建模，如开口槽形截面梁。

2）复杂梁使用【CBEAM 单元】建模，【CBEAM 单元】包含【CBAR 单元】的所有特征，并增加了一些其他的特征，比如允许横截面沿轴线渐变（楔形），中性轴和剪切中心可以不重合和横截面可以发生扭曲。

【CBAR 单元】基于经典梁理论建立。经典梁理论的基本假设是：变形前垂直于梁中性层的横截面，变形后仍为平面且垂直于变形后的梁的中性层，如图 7-1 所示，这一假设又称为平面弯曲假设。

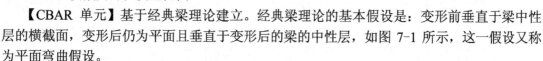

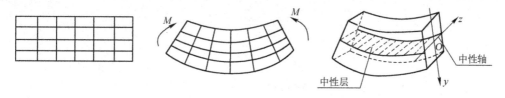

图 7-1　梁的平面弯曲假设图

根据平面弯曲假设，梁弯曲时，顶部"纤维"缩短、底部"纤维"伸长，由缩短区到伸长区，其间必然存在一个长度不变的过渡层，称为中性层。中性层与横截面的交线称为中性轴。横截面上中性轴两侧的区域，一侧受压一侧受拉，拉力和压力的合力为零。如果合力不为零，则中性层将不会满足长度不变的条件。根据横截面上合力为零，进一步推导出截面对中性轴的静矩为零，从而可以得到"中性轴必然通过截面形心"的结论。

【CBAR】和【CBEAM】这两种梁单元的区别在于剪切中心是否与中性轴重合。那么什么是剪切中心？实验结果表明，若开口薄壁截面梁有纵向对称面，且横向力作用于对称面内（见图 7-2a），则梁只可能在纵向对称面内发生平面弯曲，不会发生扭转；若横向力不在纵向对称面，即使通过截面形心（见图 7-2b），梁除发生弯曲变形外，还将发生扭转变形；只有当横向力通过截面内某一特定点 S 时（见图 7-2c），梁才会只有弯曲而无扭转变形。横截面内的这一特定点 S 称为截面的剪切中心或弯曲中心。

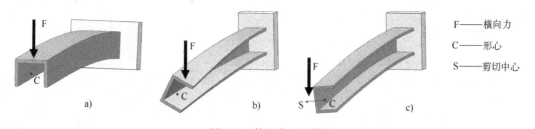

图 7-2　剪切中心示意图

7.1.3　梁弯曲应力公式

1. 静矩和惯性矩的概念和公式

截面对某根轴的静矩，等于截面内各微元面积乘以该微元对这根轴的距离在整个截面上的积分，等价于截面的面积乘以形心到这根轴的距离。

截面对某根轴的惯性矩，等于截面内各微元面积乘以该微元对这根轴的距离的平方在整个截面上的积分。

对于图 7-3 所示的截面，截面对 y 轴和 z 轴的静矩分别为 S_y、S_z，截面对 y 轴和 z 轴的惯性矩分别为 I_y、I_z，则静矩和惯性矩的计算公式如下。

$$S_y = \int_A z\mathrm{d}A \tag{7-1}$$

$$S_z = \int_A y\mathrm{d}A \tag{7-2}$$

$$I_y = \int_A z^2\mathrm{d}A \tag{7-3}$$

$$I_z = \int_A y^2\mathrm{d}A \tag{7-4}$$

2. 梁弯曲正应力和剪切应力计算公式

梁的弯曲正应力分布如图 7-4 所示，梁的正应力 σ_x 的计算公式如下。

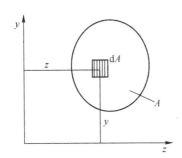

图 7-3 截面示意图

图 7-4 梁截面上的正应力

$$\sigma_x = \frac{My}{I_z} \tag{7-5}$$

式中　M—截面上的弯矩；

　　　y—求正应力处点的 y 坐标；

　　　I_z—截面对 z 轴的惯性矩。

梁的弯曲切应力分布如图 7-5 所示，梁的切应力 σ_x 的计算公式如下。

$$\tau_{xy} = \frac{F_S S_z^*}{I_z b} \tag{7-6}$$

式中　F_S—截面上的剪力；

　　　S_z^*—分离体横截面积 A 对 z 轴的静矩；

　　　b—剪切应力点处分离体的分割面宽度；

　　　I_z—截面对 z 轴的惯性矩。

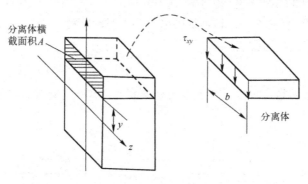

图 7-5 梁截面上的剪切应力

7.1.4 合并节点及其场合

有限元分析中，节点与节点之间传递着力和边界条件，如相邻 FEM 模型单元的节点重复则不能传递载荷条件，造成解算方案求解没有结果。

NX 提供了【重复节点】和【重复单元】命令来检查模型是否包含任何重合节点或单元，重复的节点或者单元被视为重复项，重复节点一般存在于以下场合。

1）装配 FEM 的相邻单元中，比如 1D 装配体之间、1D 与 2D 连接点、3D 实体装配模型和包含多个网格的模型中。

2）多个网格的模型中，比如通过手动方式创建的网格、网格控制、2D 映射网格、3D 扫掠网格、循环对称模型和 2D 相关网格等建模的场合中。

本项目在梁的装配体中，梁与梁连接的地方属于连续，即需要检查重复节点并进行【合并节点】的操作，命令在操作界面的位置如图 7-6 所示。

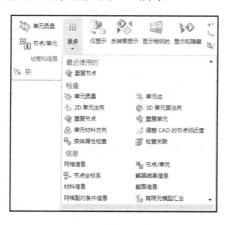

图 7-6 【重复节点】命令的选择

7.2 项目描述

图 7-7 所示为两端铰支梁的结构及其受力示意图，总长 $L=1000mm$，矩形截面高度 $h=50mm$、宽度 $b=40mm$。中间施加竖直向下为 10kN 的集中力，结构材料的杨氏模量

E=200000MPa、泊松比μ=0.3，忽略自重可以不考虑材料密度，采用 NX 有限元方法来计算梁的挠度、最大正应力和剪切应力。

提示

本项目为简单截面梁，可以采用材料力学中有关公式进行计算，再和 NX 有限元计算结果进行比较。

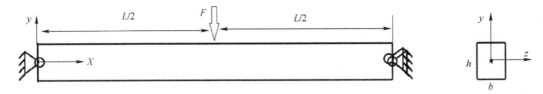

图 7-7 两端铰支梁及其受力示意图

7.3 项目分析

7.3.1 理论公式计算方法

根据结构力学理论公式进行计算，得到理论分析结果，以便后续对仿真结果进行验证。

1）画出梁的剪力图、弯矩图：

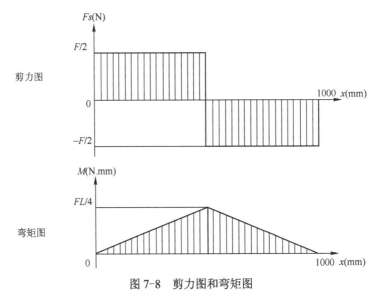

图 7-8 剪力图和弯矩图

2）矩形截面对 z 轴的惯性矩公式为：

$$I_z = \frac{bh^2}{12}$$

(7-7)

计算得知：I_z=416666.7 · mm^4。

3）梁的挠度公式为：

$$y = \frac{FL^3}{48EI_z}$$

(7-8)

计算得知：$\gamma=2.5$ mm。

4）梁的中间位置弯矩值最大，其公式为： $M_{max}=FL/4$ (7-9)

计算得知：$M_{max}=2.5\times10^{6}$ N·mm。

5）根据公式 7-5，y 取最大值 $h/2$ 时，存在最大正应力，其公式为：

$$\sigma_{max}=\frac{Mh}{2I_z}$$ (7-10)

计算得知：$\sigma_{max}=150$ MPa。

6）根据公式 7-6，计算梁的最大剪切应力。

S_z^*=分离体横截面积 $A\times$面积 A 的形心到中性轴的距离 C。

$$A=b*(h/2-y)=b(h-2y)/2$$ (7-11)

$$C=y+(h/2-y)/2=(h+2y)/4$$ (7-12)

$$S_z^*=A*C=b(h+2y)(h-2y)/8$$ (7-13)

所以，S_z^* 和 τ_{xy} 是 y 的二次函数；当 $y=0$ 时，S_z^* 有最大值：

$$S_{max}=\frac{bh^2}{8}$$ (7-14)

$$\tau_{max}=\frac{F_S bh^2}{8I_z b}=1.5\frac{F_S}{bh}$$ (7-15)

计算得到：梁的最大剪切应力为：$\tau_{max}=3.75$ MPa。

7.3.2 理论计算有关结论

通过以上理论分析，计算出了梁的最大位移、最大正应力和剪切应力。同时，了解到矩形梁截面上正应力和切应力的分布规律：

1）正应力与 y 坐标成正比，中性轴上正应力为 0，离中性轴最远处正应力最大。

2）剪切应力是 y 的二次函数，中性轴上切应力最大，向两侧递减。

7.4 项目操作

7.4.1 创建 1D 梁单元 FEM 模型

1）打开【M0701_矩形梁.prt】，进入【前/后处理】模块。

2）在【仿真导航器】窗口中右键单击【M0701_矩形梁.prt】节点，选择【新建 FEM 和仿真】。在弹出的对话框中，取消勾选【创建理想化部件】复选框，单击【几何体选项】按钮，弹出【几何体选项】对话框勾选【草图曲线】复选框，如图 7-9 所示，然后单击【确定】按钮。在弹出的【解算方案】对话框中，选取【解算方案类型】下拉列表框中的【SOL 101 线性静态-全局约束】选项，单击【确定】按钮。

3）在【仿真导航器】窗口中，双击【M0701_矩形梁_fem1.fem】节点，进入 FEM 环境。

4）使用【材料管理】命令创建各向同性材料，名称改为【SteelBeam】,【杨氏模量(E)】设为【200000MPa】,【泊松比(NU)】设为【0.3】，如图 7-10 所示。（上述详细操作步骤请参阅前面章节相关内容，在此不再赘述。）

图 7-9 【几何体选项】对话框   图 7-10 【各向同性材料】对话框

（5）单击 【1D 网格】 1D网格 按钮，弹出划分【1D 网格】对话框（见图 7-11）。选择对象为梁的轴线，选取【类型】下拉列表框中的【CBAR】选项，在【网格密度选项】下拉列表框中选择【数量】选项，在【单元数】参数框内输入【100】，在【目标收集器】勾选【自动创建】复选框，单击【确定】按钮。

提示

选择梁的轴线后，轴线上会出现一个绿色的箭头，表示梁单元坐标系的 x 方向。为了方便，将这个方向与全局坐标系的 x 方向对齐。如果方向相反，可以单击【反向】 按钮，将其矫正。

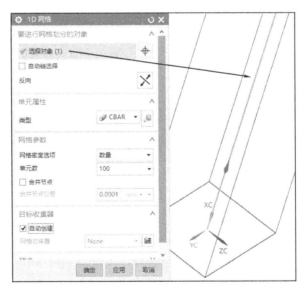

图 7-11 【1D 网格】对话框

7.4.2 编辑 1D 梁单元属性

1）在【仿真导航器】窗口中展开【1D 收集器】节点，右键单击【Bar Collector(1)】节点选择【编辑】。

2）弹出【网格收集器】对话框，【棒性能】栏有自动创建的【PBAR1】属性，单击【编辑】🔧按钮，在【材料】下拉列表框内选择前面创建的【SteelBeam】材料，【前截面】栏显示【无】，单击【显示截面管理器】按钮。

3）弹出【梁截面管理器】对话框，单击【创建梁的截面】按钮。弹出【梁截面】对话框，如图7-12所示，截面【类型】下拉列表框中选择【BAR】选项，截面尺寸【DIM1】设为【40】，【DIM2】设为【50】。

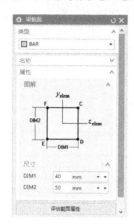

图7-12 【梁截面】对话框

图7-13 截面属性参数信息对话框

4）单击【评估截面属性】按钮，弹出的文本窗口中显示截面属性的各个参数，如图7-13所示。完成梁单元属性编辑后的效果如图7-14和图7-15所示。

图7-14 【网格收集器】对话框

图7-15 【PBAR】对话框

提示

截面属性中的坐标系是单元局部坐标系，并不是全局坐标系。BAR截面的质心（即截面形心）和剪切中心都在单元坐标系的原点处。后面要讲到的CBEAM复杂梁单元，允许剪切中心偏离中性轴，其剪切中心可以不与质心重合。但是这里，对于CBAR简单梁单元，两者必须重合。

应力恢复点C、D、E、F用于计算梁单元在这些点上的应力。其位置在梁截面对话框（如图7-9所示）的图解中用蓝色字体标识出来。NX自带的标准截面都有默认的应力恢复点，无须用户指定。如果是用户自定义的截面属性，需要指定应力恢复点在横截面上的坐标。应力恢复点一般都是距离中性轴最远的点，因为这些点上的正应力最大（7.3项目分析中的理论计算已有证明）。

在 Siemens NX 11 的帮助文档《NX Nastran 单元库参考》中，对 CBAR 梁单元的单元坐标系（见图 7-16）定义如下。

X 轴总是从单元的 A 端节点指向 B 端节点。Y 轴在方向矢量 V 与 X 轴所构成的平面 1 内，并与 X 轴垂直。Z 轴根据 X、Y 的方向，由右手坐标系确定。

确定梁单元局部坐标系的关键，在于确定方向矢量 V。前面的操作并没有指定方向矢量，软件为什么没有报错呢？这是因为，NX 在创建梁单元的时候，自动给它指定了一个方向矢量。所以应该检查梁截面的方向是否与想要的方向一致。如果不一致，就要进行修改。

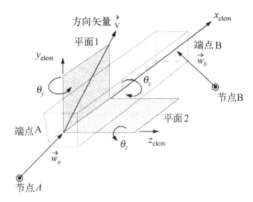

图 7-16 CBAR 梁单元的单元坐标系

7.4.3 检查 1D 梁单元的截面方向

在【仿真导航器】窗口中，右键单击【Bar Collector(1)】节点，选择【编辑显示】选项。弹出【网格收集器显示】对话框（见图 7-17），将【颜色】设为【红色】，选取【显示截面】下拉列表框内的【曲线】选项，勾选【方向矢量】复选框，然后单击【确定】按钮。可以看到梁单元显示出横截面线框以及方向矢量 V 的方向（见图 7-18），V 和全局坐标系 Y 轴平行，与要求相符，无须更改。

图 7-17 【网格收集器显示】对话框

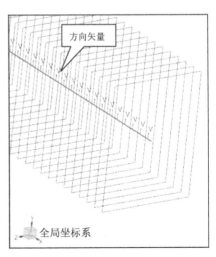

图 7-18 截面轮廓及方向矢量

7.4.4 创建 1D 梁单元 SIM 模型

1）右键单击【M0701_矩形梁_fem1.fem】节点，选择【显示仿真】后的【M0701_矩形梁_sim1.sim】，进入仿真视图。

2）需要在梁的两端创建铰支约束，即梁只能绕着 z 轴转动。在工具栏【约束类型】中单击【用户定义约束】按钮，【选择对象】为梁两端的节点。如果节点无法选中，选择【过滤器】下拉列表框内的【节点】选项，如图 7-19 所示，将【DOF1】~【DOF5】这 5 个自由度全部设为【固定】，【DOF6】设为【自由】，如图 7-20 所示。

图 7-19 选择过滤器

图 7-20 【UserDefined(1)】对话框

3）在工具栏【载荷类型】中单击【力】按钮创建载荷，【选择对象】为梁中间的节点51（鼠标移动到节点上停留片刻会显示出节点编号）。在【力】参数框内输入【10000N】，在【方向】后的【指定矢量】下拉列表框内选择【-YC】选项，如图 7-21 所示。

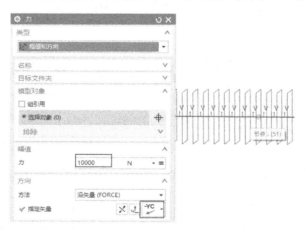

图 7-21 创建载荷【力】

4）在【仿真导航器】窗口上，右键单击【Solution 1】节点选择【编辑】选项。单击【工况控制】按钮后，在界面中找到【输出请求】选项，单击后面的【编辑】按钮，勾选【力】页面的【启用 FORCE 请求】复选框，如图 7-22 所示。这里输出单元力 FORCE，是为了后面在后处理结果显示中查看梁的内力,并获取整个截面上的应力分布。

图 7-22 编辑输出请求

7.5 项目结果

7.5.1 查看 1D 梁挠度

完成前面的步骤之后,求解模型。分析完成后,双击【仿真导航器】窗口中【结果】下的节点查看结果。其中【位移】结果及其云图如图 7-23 所示,可以看到梁中间存在最大位移,即为该梁的挠度,其值为 2.519mm,与理论值进行比较,误差仅为 0.8%。

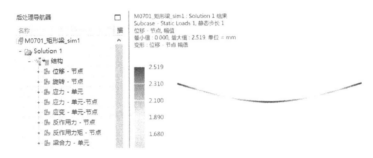

图 7-23 梁单元的位移云图

7.5.2 查看梁长度方向的正应力

【XX 方向】的正应力结果如图 7-24 所示。单击【设置结果】按钮分别查看 C、D、E、F 4 个应力恢复点的应力。其中,D、E 的结果是正值,表示该处受到拉伸;C、F 的结果是负值,表示该处受到压缩。正应力的最大值 150MPa,与理论值吻合。

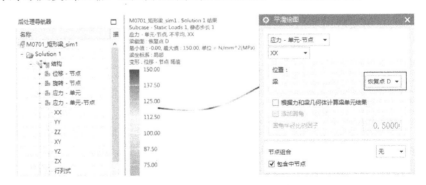

图 7-24 XX 方向正应力结果

7.5.3 查看梁横截面正应力分布

1）单击【梁横截面视图】 按钮，选择梁正中间的节点，得到该节点处横截面上的正应力分布云图，如图 7-25 所示。

2）使用【标识结果】 命令，标识出 y 轴上不同位置的正应力值。可以看出正应力与 Y 坐标成正比，与前面的理论分析相符。

3）双击【应力-单元-节点】节点下的【XY】，可以查看 XY 方向的切应力。

4）单击【梁横截面视图】按钮，选择梁上任意一个节点，得到横截面上的剪切应力分布云图，如图 7-26 所示。可以看到最大值为 4.12MPa，与理论值误差为 9.8%。理论计算认为横截面上距离中性轴距离相等的点切应力相等，实际上并不是完全相等。

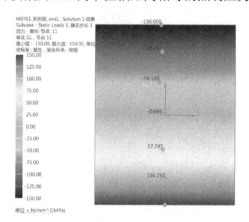

图 7-25 梁截面上的正应力分布云图

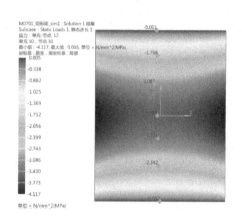

图 7-26 梁截面上的切应力分布云图

7.5.4 查看梁横截面剪切应力分布

使用【标识结果】指令，标识出 y 轴上不同位置的剪切应力值。单击该对话框右下角的 Excel 按钮，将结果导出至 Excel 表格。数据表格如图 7-27 所示，对 y 坐标和 12（XY 方向）剪切应力的数据描点并添加趋势线，将趋势线格式设为二阶多项式，拟合出一条抛物线，数据点都落在这条抛物线上，如图 7-28 所示。这些分析说明：剪切应力是关于 y 坐标的二次函数，与前面的理论分析相符。

Y 坐标	Z 坐标	11 (XX)	22 (YY)	33 (ZZ)	12 (XY)	23 (YZ)	31 (ZX)
-17.71	0.00	106.25	0.00	0.00	1.75	0.00	0.00
-25.00	0.00	150.00	0.00	0.00	0.00	0.00	0.00
9.19	-1.74	-55.16	0.00	0.00	3.09	0.00	0.00
-9.62	-0.66	57.75	0.00	0.00	3.04	0.00	0.00
0.12	-0.93	-0.69	0.00	0.00	3.58	0.00	0.00
17.62	-0.94	-105.70	0.00	0.00	1.77	0.00	0.01
25.00	-1.25	-150.00	0.00	0.00	0.00	0.00	0.03

图 7-27 梁截面上的应力数据

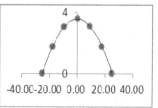

图 7-28 切应力关于 y 坐标的曲线

7.5.5 查看梁横截面剪力和弯矩

1）双击【梁合力-单元-节点】下的【剪切力 QXY】查看剪力结果。剪力沿梁的长度方向分布如图 7-29 所示，一半是-5000N，另一半的是 5000N。

2）双击【弯矩 MZZ】节点查看弯矩结果。

3）单击【创建图表】△ 按钮，选择【类型】下拉列表框内的【基于路径】选项，在【X 轴】的【定义依据】下拉列表框内选择【沿方向的长度】。单击【选择矢量】按钮，弹出【矢量】对话框，在对话框内，选择【类型】下拉列表框内的【全局 CSYS 方向】选项，【分量方向】设为【X 轴】，单击【确定】按钮回到【图】对话框。

4）在【Y 轴】的【方法】下拉列表框内选择【从模型中拾取】，【拾取】下拉列表框内选择【特征边】，选择梁上的节点，然后单击【确定】按钮，可以得到弯矩沿梁的长度方向分布的曲线，如图 7-30 所示。

剪力和弯矩分布情况都与理论分析一致。

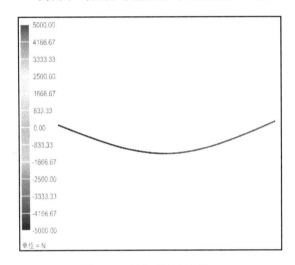

图 7-29　梁的剪力分布图

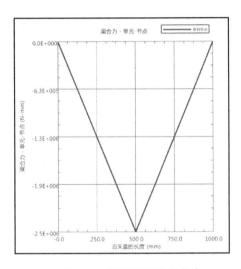

图 7-30　梁的弯矩分布曲线

7.6　项目拓展

7.6.1　1D 复杂截面梁分析

前面提到，如果梁横截面的剪切中心不与中性轴重合，就不能采用 CBAR 单元，而要采用 CBEAM 单元。假设本章案例中梁的截面为槽形（模拟槽钢结构），采用 CBEAM 单元，重新进行分析。

（1）修改几何模型

1）将【M0701_矩形梁.prt】文件设为显示部件，在主页上的【应用模块】单击【建模】按钮，进入建模界面。

2）单击【草图】按钮，【草图类型】在平面上，选择 YZ 平面所在的梁的端面，如图 7-31 所示，单击□按钮画矩形，矩形右侧与梁的边线重合，尺寸如图 7-32 所示。单击【完成草图】按钮，退出草图。采用【拉伸】求差，从矩形梁中挖掉草图拉伸体，得到图 7-33 所示的槽形梁。

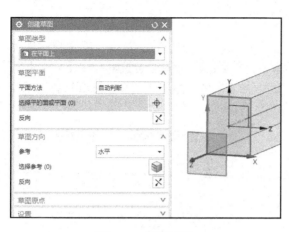

图 7-31　草图平面

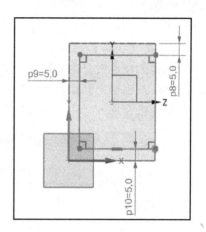

图 7-32　矩形尺寸

图 7-33　槽形梁实体模型

（2）修改网格模型

1）进入【前/后处理】模块，将【M0701_矩形梁_fem1.fem】文件设为显示部件。

2）在【仿真导航器】窗口中，右键单击【Bar Collector(1)】节点下面的【1d_mesh(1)】节点，选择【编辑】选项。选取【类型】下拉列表框内的【CBEAM】选项，其他不变，如图 7-34 所示，然后单击【确定】按钮。

这时【仿真导航器】窗口中自动增加【Beam Collector(1)】节点，原【Bar Collector(1)】节点下面的【1d_mesh(1)】网格也自动移到【Beam Collector(1)】节点下面。

3）右键单击【Beam Collector(1)】节点，选择【编辑】选项，在【梁属性】PBEAM1 后面，单击【编辑】按钮后，单击【显示截面管理器】 按钮，然后单击【创建梁的截面】按钮 ，选取【类型】下拉列表框内的【CHAN】选项，输入截面的各个尺寸，如图 7-35 所示。

4）单击【评估截面属性】按钮，查看截面属性信息，如图 7-36 所示，然后单击【确定】按钮。关闭梁截面管理器，回到 PBEAM 梁属性对话框，选取【材料】下拉列表框内的【SteelBeam】选项，然后单击【确定】按钮。

5）在【仿真导航器】窗口中，右键单击【Beam Collector(1)】节点，选择【编辑显示】选项，【颜色】改为【灰色】，选取【显示截面】下拉列表框内的【实体】选项，单击【确定】按钮。这时，梁单元以实体方式显示出来。对比梁单元和几何模型，发现它们的位置并不一致，如图 7-37 所示。NX NASTRAN 梁单元坐标系的原点，默认为截面的剪切中心。而槽形梁截面的剪切中心在截面的外侧，所以会出现梁单元偏离几何模型的情况。

假设剪切中心距离应力恢复点 F 的距离为 e，只要把梁单元向左偏移 $b/2+e$ 的距离，就可以使梁单元和几何模型重合。其中，$b/2=20mm$，e 等于多少？从图 7-36 和图 7-37 截面属性可知，F 点的 z 坐标 $F(z)=12.65mm$，剪切中心的坐标为（0,0），所以 $e=12.65mm$。因此需要将梁单元向左偏移 32.65mm。

6）在【仿真导航器】窗口中，右键单击【1d_mesh(1)】节点，选择【编辑网格相关数据】选项，在【截面偏置】下勾选【B 端偏置=A 端偏置】（默认）复选框，在【A 端】下面【沿截面 Z 轴偏置】参数框内输入【-32.65】，单击【确定】按钮。这样，梁单元的位置就和几何模型重合了。

图 7-34 【1D 网格】对话框

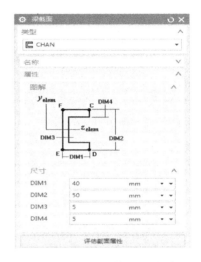

图 7-35 【梁截面】对话框

图 7-36 槽形梁截面属性

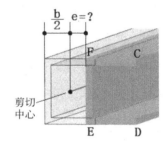

图 7-37 梁单元偏离几何

（3）修改仿真文件

1）将【M0701_矩形梁_sim1.sim】文件设为显示部件。

2）在【仿真导航器】窗口中【约束】下的【UserDefined(1)】节点和【载荷】下的【Force(1)】节点前面都有一个失效符号$\oslash$，说明之前创建的边界条件失效了。由于重新划分了网格，需要重新定义这些边界条件。

3）双击【UserDefined(1)】节点，【选择对象】选择梁两端的节点。双击【Force(1)】节点，【选择对象】选择梁正中间的节点（编号51）。

（4）求解计算并查看结果

1）重新求解并进入后处理界面，可以查看到梁单元的位移最大值为 11.7mm，【XX 方向】正应力最大值为 271.7MPa。

2）查看【梁横截面视图】，正应力分布如图 7-38 所示。

3）查看【梁合力-单元-节点】节点下的扭矩【MXX】，得到梁上绕 x 轴的扭矩，如图 7-39 所示。该扭矩正好等于梁所受的剪力（5000N）乘以端点偏置（32.65mm）。如果端点偏置为零，则梁上的扭矩也为零，表示当横向力通过剪切中心时，梁不会发生扭转。

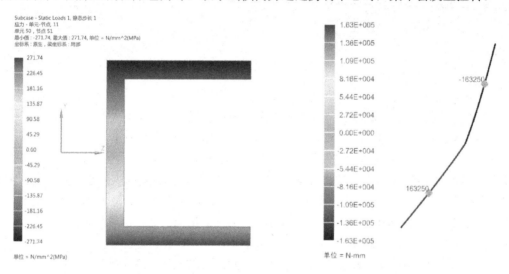

图 7-38　截面上的正应力分布　　　　　　　图 7-39　梁受到的扭矩

7.6.2　1D 梁单元销标志及其应用

梁单元的销标志（Pin flag）可以设置端点自由度释放，这一功能常用于模拟运动副。如图 7-40 所示，单元 CBAR1 的 B 端节点和单元 CBAR2 的 A 端节点是同一个节点。该节点处是球铰连接，CBAR2 以该节点为中心，可绕 X、Y、Z 三个方向自由转动。只要在 CBAR1 的 B 端或者 CBAR2 的 A 端设置销标志，释放 4、5、6 三个自由度，就可以模拟这种球铰连接。

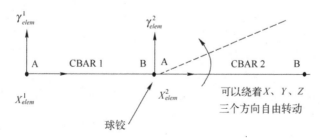

图 7-40　球铰连接

假设本章案例的矩形梁，两端分别与竖直的槽形梁铰接，如图 7-41 所示。可以采用梁单元对该结构整体进行建模，并设置矩形梁两端的销标志来模拟转动铰。下面介绍主要的操作步骤。

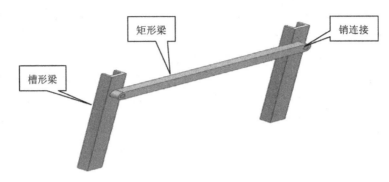

图 7-41　梁的转动连接

（1）创建仿真文件

1）打开【M0702_转动铰.prt】，进入【前/后处理】模块。

2）右键单击【M0702_转动铰.prt】节点选择【新建 FEM 和仿真】。

3）在【新建 FEM 和仿真】对话框中勾选【创建理想化部件】复选框，【几何体选项】中勾选【草图曲线】复选框。选择【解算方案类型】下拉列表框内的【SOL 101 线性静态-全局约束】选项。将【M0702_转动铰_fem1.fem】文件设为显示部件。创建材料【SteelBeam】，设置参数的方法与 7.3 中的材料定义方法相同，在此不再赘述。

（2）创建网格点

为了方便将不同的梁在连接处的节点合并，我们可以创建一些网格点。

1）单击工具栏【网格】中的【更多】按钮，选择【网格点】 网格点，弹出【网格点构造器】对话框。选择【类型】下拉列表框内的【投影点】选项。【选择对象】为左侧槽形钢梁的轴线，【指定点】选择矩形梁轴线的左端点，如图 7-42 所示。用同样的方法创建右侧槽形钢梁轴线上的网格点，【指定点】为矩形梁轴线的右端点。

2）在中间矩形梁轴线的中点上，也创建一个网格点，方便后面在这个点上施加载荷。单击【网格点】按钮，选取【类型】下拉列表框内的【在曲线上/在边上】选项，【选择对象】为矩形梁的轴线，在【U 向参数】参数框内输入【0.5】（表示中点），单击【确定】按钮。隐藏掉实体和无关的草图，建好的 3 个网格点如图 7-43 所示。

图 7-42　创建左侧的网格点对话框

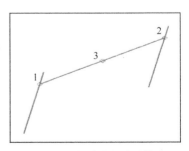

图 7-43　创建的 3 个网格点

（3）划分网格

1）单击【1D 网格】按钮，选择中间轴线，对中间矩形梁的轴线采用【CBAR 单元】划分网格，即选取【类型】下拉列表框内的【CBAR】选项，选取【网格密度选项】下拉列表框内【大小】选项，【单元大小】参数框内输入【20mm】。

2）单击【新建收集器】按钮。选择材料为【SteelBeam】，选择矩形梁截面如图 7-44（详细操作步骤请参阅前面相关内容，在此不再赘述）。

3）对于左侧的槽形钢梁轴线，单击【1D 网格】按钮，【类型】下拉列表框内为【CBEAM】选项，网格大小不变，单击【新建收集器】按钮，选择材料【SteelBeam】，选择槽形钢梁截面如图 7-45 所示。

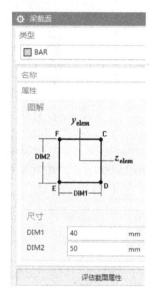

图 7-44 【矩形梁截面】对话框

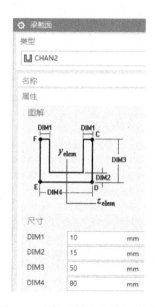

图 7-45 【槽形钢梁截面】对话框

4）最后，划分右侧的槽形钢梁轴线的单元方法，也采用【CBEAM 单元】类型，网格收集器取消勾选【自动创建】复选框，而是选择前面已经创建的【Beam Collector(1)】。

5）工具栏【实用工具】选择【更多】选项，单击【模型显示首选项】按钮，弹出【模型显示】对话框，【节点】选项卡的【标记类型】改为【实心圆】，【颜色】改为【蓝色】，如图 7-46 所示，单击【确定】按钮。【仿真导航器】窗口的结构树及图形区的节点显示，如图 7-47 所示。

（4）编辑梁显示

分别右键单击【Bar Collector(1)】节点和【Beam Collector(1)】节点，选择【编辑显示】选项，在弹出的对话框中选取【显示截面】下拉列表框内的【实体】选项，得到图 7-48 所示的梁单元效果。

（5）调整梁的方位

把之前隐藏的几何实体显示出来，发现两侧槽形梁的截面方向与几何模型不一致，需要调整。

1）在【仿真导航器】窗口中，右键单击【Beam Collector(1)】节点下的【1d_mesh(2)】

节点，选择【编辑网格相关数据】选项。

2）调整单元坐标系的方向，选取【单元轴】下拉列表框内的【Y 轴】选项，【指定矢量】选择为【-Z】。然后，设置截面偏置，在【A 端】下面【指定截面上的点】后面，单击【拾取截面上的点】 + 按钮。

图 7-46 【模型显示】对话框

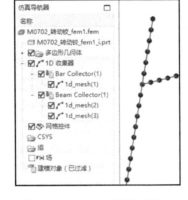

图 7-47 完成后的网格效果

图 7-48 梁单元以实体显示

3）在弹出的预览图中选择截面草图右下角的点→按下鼠标中键确认→指定截面位置→选择几何实体中对应的点。操作方法如图 7-49 所示，使得左边的槽形梁与模型方向一致（右边槽形梁详细操作步骤与左边一样，在此不再赘述）。最终得到图 7-50 所示的梁单元。

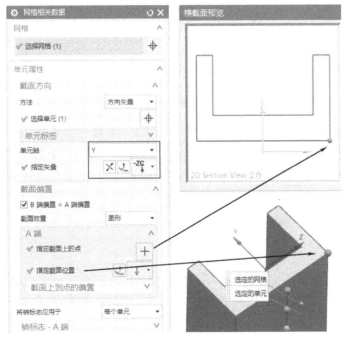

图 7-49 【网格相关数据】对话框

图 7-50 调整好的梁单元

（6）设置销标志，模拟转动铰

在【仿真导航器】窗口中，右键单击【Bar Collector(1)】节点下的【1d_mesh(1)】节点，选择【编辑网格相关数据】选项。选取【将销标志应用于】下拉列表框内的【链的结束节点】选项，【销标志-A 端】和【销标志-B 端】都将【DOF6】改为【开】，其他不变，如图 7-51 所示。

提示

这里【将销标志应用于链的结束节点】，意思是 A、B 端是所选网格的起点和终点，即中间矩形梁的两个端点。如果选择【将销标志应用于每个单元】，则 A、B 端是每个单元两端的节点。销标志释放 DOF6 的自由度，表示端点可以绕着单元坐标系的 Z 轴转动。

图 7-51 【网格相关数据】及其销标志设置

（7）合并节点

从模型上可以看出：3 根梁的轴线存在两个交点，而这些交点处的节点并没有重合。在【仿真导航器】窗口中右键单击【1D 收集器】节点，选择【全部检查】后面的【重复节点】选项。弹出的对话框中，在【公差】参数框内输入【0.1mm】，然后单击【列出节点】按钮，信息窗口显示有两处节点重复。最后单击【合并节点】按钮，关闭对话框。这样就将轴线交点处的节点合并了。

提示

前面在这些交点处进行设置网格点的操作，就是为了划分网格时在这些网格点上产生节点，便于这里进行节点合并的操作。

（8）设置边界条件

将【M0702_转动铰_sim1.sim】文件设为显示部件。在两侧梁的底部创建【固定约束】；在中间梁的中点创建【力】的载荷，在【大小】参数框内输入【10000N】，【方向】为【-Y】。施加的边界条件如图 7-52 所示。

（9）设定输出请求

右键单击【Solution 1】节点，选择【编辑】选项，单击【输出请求】后面的【编辑】按钮，选择【力】，勾选【启用 FORCE 请求】复选框，如图 7-53 所示。

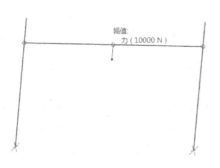
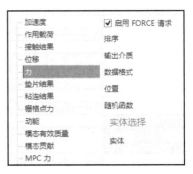

图 7-52　边界条件设置　　　　图 7-53　编辑输出请求

（10）查看结果

求解完成后，查看槽形梁单元的位移及应力结果。

可以重新做一个分析方案，不使用销标志，其他设置都与本案例相同（具体操作在此不再赘述）。然后将两者的结果进行对比，各自的位移云图如图 7-54 和图 7-55 所示，可以发现两种方案表现出不同的变形模式。在工程应用中，应该根据实际情况决定是否采用销标志。

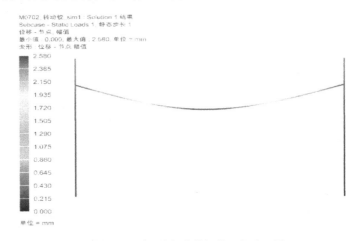

图 7-54　采用销标志的梁单元位移云图

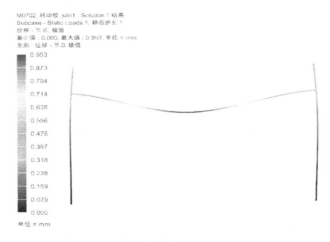

图 7-55　不采用销标志的梁单元位移云图

7.7 项目总结

1）本项目以 1D 梁有限元分析为例，将理论公式计算与有限元仿真结合起来。这为初学者学习有限元分析软件提供了重要和有效的思路。

2）本项目介绍了 CBAR 和 CBEAM 梁单元的定义、应用场合以及应用和操作方法，这为模拟不同的梁结构，采用不同的梁单元类型提供了参考方法。

3）在 1D 梁装配模型中，部件之间必须通过节点来传递受力，所以建立 FEM 装配模型时需要检查重复节点，并进行合并节点操作，否则解算方案求解后将没有结果。

4）在调整梁单元方位的操作中，采用销标志释放端点自由度，能更加符合实际，提高准确性，操作中要注意【销标志 A/B】端的各自由度的【开/关】问题。

第8章　0D1D2D3D 混合模型分析实例——光伏支架受力分析

本章内容简介

　　本项目介绍了 1D/2D/3D 网格的命令及其应用方法，并通过分析光伏支架各组成部分的结构特点，分别将立柱、面板、耳板的网格划分与 1D/2D/3D 网格命令对应起来，简化和优化了装配模型；另外介绍了各网格之间的连接操作方法及其注意事项。项目拓展中则引进了【0D 网格】模拟支架面板上施加的重物情况，建立了一个 0D/1D/2D/3D 混合的装配模型。

8.1　基础知识

　　实际有限元分析中的建模和网格划分，【1D 网格】命令主要用于创建与几何体关联的一维单元网格，【2D 网格】命令主要用于薄板和壳类等，【3D 网格】命令则用于实体模型等。

　　【1D 连接】用来连接组件装配 FEM 模型，可使用【1D 连接】来连接一个装配 FEM 中的组件 FEM，或连接一个 FEM 中的多个片体和实体。还可以使用【1D 连接】来定义蛛网单元，用来模拟销轴或螺栓连接，或者对分布质量、分布载荷或约束进行建模，或者定义用于柔性体分析的连接点。

　　使用【边到面粘连】命令，仿真对象将边连接到面，以防止任何方向的相对运动，且粘合的边缘和曲面上的节点不需要重合，粘连连接可以正确传递位移和载荷，进而在接口处形成精确的应变和应力条件。

8.2　项目描述

　　如图 8-1 所示的光伏支架模型，由面板、加强筋、立柱和耳板等零部件组成，各个部件的材料均为【Steel】（NX 库材料）。4 根立柱底部固定，面板承受【2kPa】的风压。采用 NX 有限元来分析该结构的变形和强度等情况。

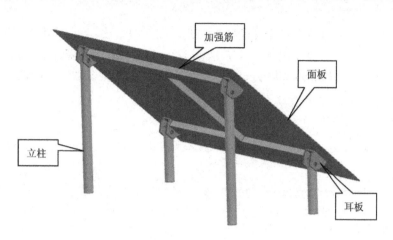

图 8-1 光伏支架模型

8.3 项目分析

　　根据该支架结构各个零部件的特征和相互连接关系，总体思路是针对不同的部件采用不同类型的单元进行建模，以便构建一个既能合理模拟结构，同时简化 FEM 模型，具体如下。

　　1）面板和加强筋属于薄壁和薄管结构，采用 2D 单元建模；立柱属于等截面管类结构，采用 1D 单元建模；耳板为不规则底座类结构，适宜采用 3D 单元建模。

　　2）网格划分基本思路：对于 3D 单元，直接对实体模型划分 3D 网格；对于 2D 单元，对实体抽中面后，再在中面上划分 2D 网格；对于 1D 单元，在梁轴线上基础上划分 1D 网格。

　　3）2D 网格与 3D 网格的连接采用【面对面粘结】，2D 网格与 1D 网格的连接采用【边对面粘结】，这样即可将各个部件连接成一个整体 FEM 模型。

8.4 项目操作

8.4.1 创建 1D 网格模型

　　1）打开【M0801_光伏支架.prt】，进入【前/后处理】模块。

　　2）右键单击【M0801_光伏支架.prt】节点，选择【新建 FEM 和仿真】选项。在弹出的【新建 FEM 和仿真】对话框中，勾选【创建理想化部件】复选框，单击【几何体选项】按钮，勾选【草图曲线】复选框，单击【确定】按钮。在【解算方案】对话框中，选取【解算方案类型】下拉列表框内的【SOL101 线性静态-全局约束】选项，单击【确定】按钮。

　　3）将【M0801_光伏支架_fem1.fem】设为显示部件，在【仿真导航器】窗口中，取消勾选【多边形几何体】节点，隐藏所有实体，仅显示 4 根立柱的轴线。

　　4）单击【1D 网格】按钮，对其中一个轴线划分网格，如图 8-2 所示。选择轴线后，轴线上会出现一个箭头，代表梁单元坐标系的 X 方向，如果箭头方向与图中不一致，可以单击 ✕【反向】按钮；选取【类型】下拉列表框内的【CBEAM】选项，选取【网格密度选项】下拉列表框内的【大小】选项，在【单元大小】参数框内输入【5mm】，在【目标收集器】

下勾选【自动创建】复选框，单击【确定】按钮。同样的方法，划分其他四根轴线的网格，选取【1D 网格】命令，其他参数同上，取消勾选【自动创建】复选框，选取【网格收集器】下拉列表框内的【Beam Collector(1)】选项，注意轴线上箭头的方向应该一致。

图 8-2 【1D 网格】对话框

5）在【仿真导航器】窗口中，右键单击【Beam Collector(1)】节点，选择【编辑】选项，弹出【网格收集器】对话框，单击【梁属性】后的【编辑】按钮，对梁的截面和材料进行编辑，详细参数如图 8-3 和图 8-4 所示（具体操作请参阅前面相关章节，此处不再赘述）。

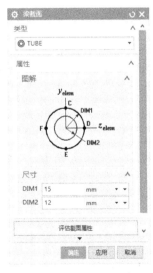

图 8-3 【梁截面】对话框

图 8-4 【PBEAML】对话框

6）在【Beam Collector(1)】节点下，右键单击【1d_mesh(1)】节点，选择【编辑网格相关数据】命令，弹出【网格相关数据】对话框。在对话框中，选取【将销标志应用于】下拉列表框内的【链的结束节点】选项，【销标志-A 端】的【DOF5】设为【开】，如图 8-5 所示，单击【确定】按钮（表示梁的 A 端可以绕着单元坐标系的 Y 轴转动）。以同样的方法设置其他 3 根梁的销标志。

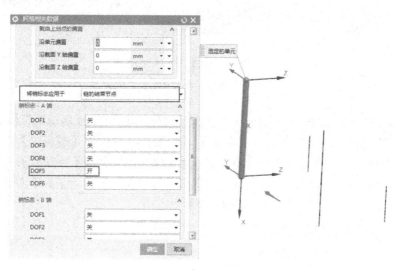

图 8-5 【网格相关数据】对话框

7）右键单击【Beam Collector(1)】节点，选择【编辑显示】选项，在弹出的对话框中选取【显示截面】下拉列表框内的【曲线】选项，勾选【端点释放】复选框，如图 8-6 所示。梁单元的截面以曲线显示出来，每根轴线上端显示出销标志的方向。

图 8-6 【网格收集器显示】对话框

8.4.2 创建 2D 网格模型

1）将【M0801_光伏支架_fem1_i.prt】设为显示部件，进入理想化模型环境。

2）单击【提升】按钮，对所有几何体进行提升。

3）单击【按面对创建中面】按钮，选择面板及其背面的 3 根加强筋，单击【自动创建面对】按钮抽取中面，隐藏实体得到图 8-7 所示的中面。

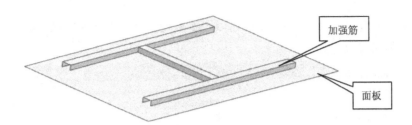

图 8-7　面板与加强筋中面

4）将【M0801_光伏支架_fem1.fem】设为显示部件，进入 FEM 环境，仅显示中面。

5）对这些中面进行缝合，单击【缝合边】 按钮，在弹出的【缝合边】对话框中，选取【方法】下拉列表框内的【自动】选项，选取【要缝合的几何体】下拉列表框内的【两者皆是】选项（包括边到边和边到面的缝合），框选所有中面，在【公差】下面的两个参数框内输入【1.5mm】（大于缝合间隙），如图 8-8 所示。

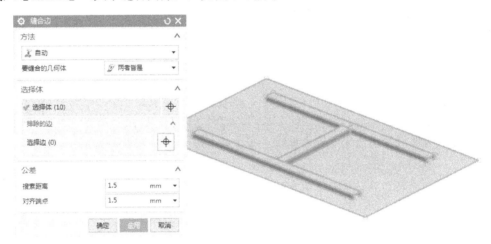

图 8-8　【缝合边】对话框

6）单击【2D 网格】 按钮，弹出【2D 网格】对话框。框选所有中面（15），选取【类型】下拉列表框内的【CQUAD4】选项，选取【网格划分方法】下拉列表框内的【铺砌】选项，在【单元大小】参数框内输入【5mm】，勾选【尝试自由映射网格划分】复选框，在【目标收集器】下勾选【自动创建】复选框，如图 8-9 所示。

提示

2D 网格的网格划分方法分为细分法和铺砌法两种方法，细分法主要用来生成自由网格；铺砌法是在细分法基础上，进一步在片体模型的外边界及内部边界的周围创建质量更佳的网格，是对细分法的改进。

7）在【2D 收集器】节点下，右键单击【ThinShell(1)】节点，选择【编辑】选项。弹出【网格收集器】对话框，单击【壳属性】后的【编辑】按钮，弹出【PSHELL】对话框；单击【材料 1】下拉列表框后的【选择材料】按钮，在列表中选择【钢】，单击【确定】按钮；在【默认厚度】参数框内输入【2mm】，如图 8-10 所示，单击【确定】按钮，回到【网格收集器】对话框，单击【确定】按钮。

图 8-9 【2D 网格】对话框

图 8-10 【PSHELL】对话框

8.4.3 创建 3D 网格模型

1）显示所有几何体，单击【3D 四面体】按钮，弹出【3D 四面体网格】对话框。

2）在图形窗口中选择 4 个耳板，选取【类型】下拉列表框内的【CTETRA(10)】选项，在【单元大小】参数框内输入【5mm】，勾选【尝试自由映射网格划分】复选框，勾选【最小两单元贯通厚度】复选框，如图 8-11 所示。

3）在【3D 收集器】节点下面右键单击【Solid(1)】节点，选择【编辑】选项，弹出【网格收集器】对话框。单击【实体属性】下拉列表框后的【编辑】按钮，弹出【PSOLID】对话框，将【材料】设为【钢】，如图 8-12 所示，单击【确定】按钮。

图 8-11 【3D 四面体网格】对话框

图 8-12 【PSOLID】对话框

4）为了便于区别，可以修改网格颜色。右键单击【Solid(1)】节点，选择【编辑显示】选项。在弹出的【网格收集器显示】对话框中修改网格颜色。2D 网格颜色修改方法一样，此处不再赘述。

8.4.4 创建 1D 连接模型

本步骤的主要目的是创建立柱和耳板之间的【RBE2】刚性连接。单击【1D 连接】 ※ 按钮，弹出【1D 连接】对话框，选取【类型】下拉列表框内的【节点到节点】选项，【源】选择立柱轴线上端节点，【目标】选择耳孔圆柱面的所有节点（注意应用过滤器中的【相关节点】选项来选取整个耳孔内的节点），在【单元属性】下的【类型】下拉列表框内选取【RBE2】选项，勾选【自动创建】复选框，如图 8-13 所示，单击【确定】按钮。同样的方法，设置其他 3 处耳板的 RBE2 连接。完成后得到的网格效果如图 8-14 所示。

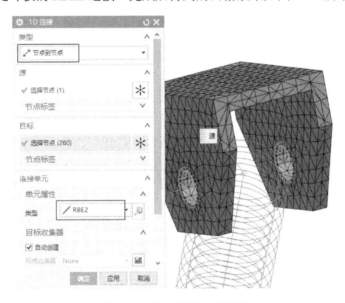

图 8-13 【1D 连接】对话框

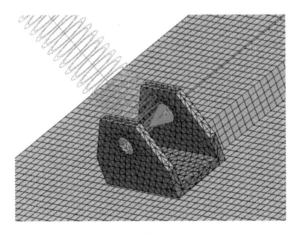

图 8-14 完成的网格

8.4.5 创建面对面粘连

1）将【M0801_光伏支架_sim1.sim】设为显示部件，进入 SIM 环境，在【仿真导航器】窗口中取消勾选相应节点，使模型仅显示中面和耳板的几何模型，如图 8-15 所示。

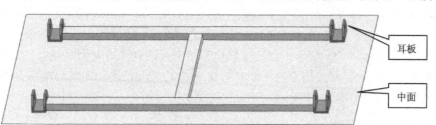

耳板

中面

图 8-15　中面与耳板模型

2）单击【仿真对象类型】中的【面对面粘连】按钮，弹出【面对面粘连】对话框。选取【类型】下拉列表框内的【自动配对】选项，单击【面对】选项后的【创建面对】按钮，在弹出的【创建自动面对】对话框中，框选所有面，【距离公差】参数框内输入【2】，如图 8-16 所示，单击【确定】按钮；返回【面对面粘连】对话框，在【搜索距离】参数框内输入【2】，如图 8-17 所示，单击【确定】按钮。完成后模型有 4 处【面对面粘连】及其相应的连接符号，如图 8-18 所示。

图 8-16　【创建自动面对】对话框

图 8-17　【面对面粘连】对话框

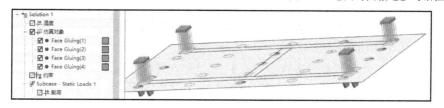

图 8-18　完成的【面对面粘连】

8.4.6 创建边对面粘连

1）单击【仿真对象类型】中的【边对面粘连】 按钮，弹出【边到面粘连】对话框。

2）单击【边区域】下拉列表框后的【创建区域】 按钮，在弹出的【区域】对话框中选择加强筋中面上与耳板贴合的 3 条边，如图 8-19 所示，单击【确定】按钮；单击【曲面区域】下拉列表框后面的【创建区域】 按钮，在弹出的【区域】对话框中选择耳板上与加强筋贴合的面，如图 8-20 所示，单击【确定】按钮；回到【边对面粘连】对话框中，单击【确定】按钮完成粘连。同样的方法，创建其他 3 处边对面粘连，完成后模型上的 4 处【边对面粘连】及其符号如图 8-21 所示。

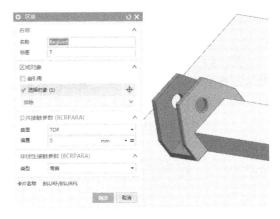

图 8-19　【边区域】选择　　　　　　　　　图 8-20　【曲面区域】选择

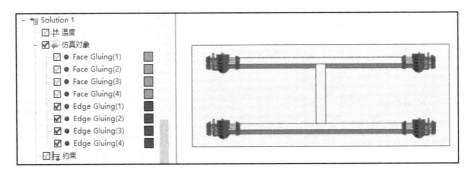

图 8-21　完成的【边对面粘连】

8.4.7 创建装配 SIM 模型

1）显示 1D 网格，对 4 根立柱轴线底部的 1D 单元节点施加【固定约束】，如图 8-22 所示。

2）单击【载荷类型】中的【重力载荷】 按钮，弹出【重力】对话框；重力加速度默认【9810mm/sec^2】，【方向】选择为【-ZC】，如图 8-23 所示，单击【确定】按钮。

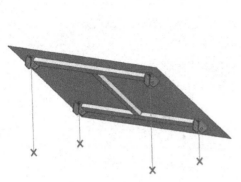

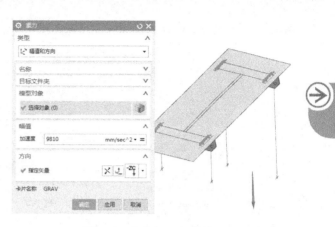

图 8-22　施加【固定约束】　　　　　　图 8-23　【重力】对话框

3）单击【载荷类型】中的【压力】按钮，弹出【压力】对话框；选取【类型】下拉列表框内的【2D 单元或 3D 单元面上的法向压力】选项，框选面板的中面，【压力】参数框内输入【-2】（注意压力的单位和方向），如图 8-24 所示，单击【确定】按钮。

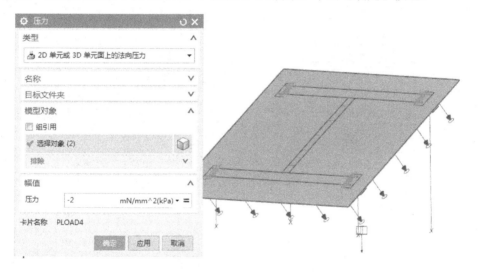

图 8-24　【压力】对话框

4）完成仿真条件设置，右键单击【Solution 1】节点，选择【求解】选项进行求解。

8.5　项目结果

8.5.1　查看装配模型位移结果

1）在【后处理导航器】窗口中，双击【位移-节点】节点可以查看位移结果。

2）单击【编辑后处理视图】按钮，弹出【后处理视图】对话框；将【边和面】选项卡中【主显示】的【边】改为【特征】，如图 8-25 所示，单击【确定】按钮，即在结果图中不显示网格线，只显示特征线。整个支架装配模型的位移云图如图 8-26 所示，可以看出整个模型中的最大位移为 1.085mm，位于面板两端的边界线中间位置。

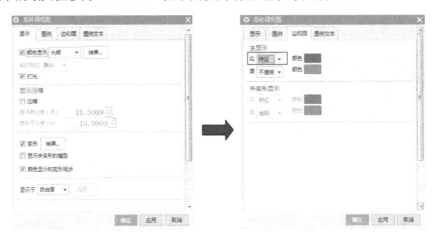

图 8-25　【后处理视图】对话框

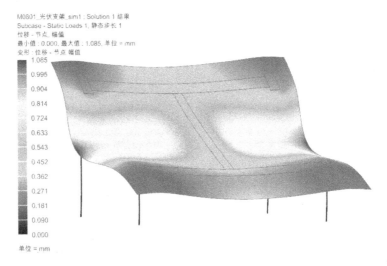

图 8-26　整体装配模型位移云图

8.5.2　查看装配模型应力结果

1）双击【应力-单元-节点】节点，可以查看应力结果（注意：梁单元有 C、D、E、F 四个应力恢复点，应该查看最大应力）。

2）单击【设置结果】 按钮，弹出【平滑绘图】对话框，选取【梁】下拉列表框内的【最大值】选项，选取【节点组合】下拉列表框内的【平均】选项，如图 8-27 所示，单击【确定】按钮。

3）单击【编辑后处理视图】 按钮，弹出【后处理视图】对话框，如图 8-28 所示，选取【颜色显示】下拉列表框内的【分段】，单击【变形】后面的【结果】按钮，弹出【变形】对话框，在【比例】参数框内输入【1】，下拉列表框内选择【绝对】选项，单击【确定】按钮，回到【后处理视图】对话框中，单击【确定】按钮完成设置。装配模型的应力云图如图 8-29 所示，可以看出该装配模型上的最大应力为44.29MPa，位于面板与耳板连接处。

进一步可以查看模型上1D、2D和3D单元上的位移和应力结果，限于篇幅在此不再赘述。

图 8-27 【平滑绘图】对话框

图 8-28 【后处理视图】对话框

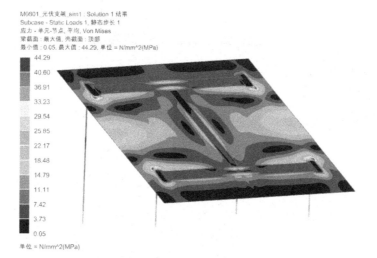

图 8-29 装配模型云图

8.6 项目拓展

8.6.1 创建 0D/1D/2D/3D 装配模型方案

下面采用 0D 网格模拟在支架面板上存放的重物，在上述模型基础上建立一个 0D/1D/2D/3D 结合起来的装配模型，再对该模型进行有限元受力分析。

（1）建立 0D 重物的施加区域

1）在上节模型基础上，双击【M0801_光伏支架_fem1_i.prt】节点进入理想化模型。

2）选择【几何准备】下的【更多】选项，选择【点】命令，输入坐标（100,200,500），单击【确定】按钮，构建了为 0D 网格点准备的几何点，该几何点的坐标值模拟了重物的质心距离支架平面的高度位置。

3）单击【菜单】，选择【插入】选项后的【在任务环境中绘制草图】选项；选择面板中面为草图平面，在创建的点下面绘制长方形图形（尺寸可自拟），如图 8-30 所示，单击【完成草图】按钮，完成构建了施加 0D 重量的区域（模拟重物在平面上的投影面积）。

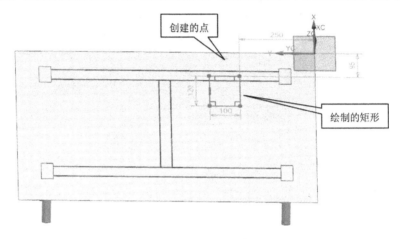

图 8-30 绘制施加 0D 重量的区域图形

4）选择【几何准备】下的【更多】选项，选择【有界平面】选项，如图 8-31 所示，选择绘制的草图曲线创建平面。

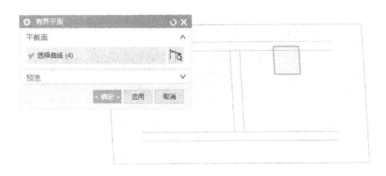

图 8-31 创建【有界平面】

5）将【M0801_光伏支架_fem1.fem】设为显示部分，进入 FEM 环境。

6）右键单击【M0801_光伏支架_fem1.fem】节点，选择【编辑】；在弹出的对话框中单击【几何体选项】按钮，勾选【点】复选框，依次单击【确定】按钮，这样理想模型中创建的点在 FEM 环境中就能显示出来。

（2）建立 0D1D2D3D 装配模型

1）单击【2D 网格】按钮，弹出【2D 网格】对话框；选择新创建的平面，选取【网格

划分方法】下拉列表框内的【细分】选项，在【单元大小】参数框内输入【30mm】，取消勾
选【自动创建】复选框，选取【网格收集器】下拉列表框内的【ThinShell(1)】选项，如
图 8-32 所示，单击【确定】按钮。

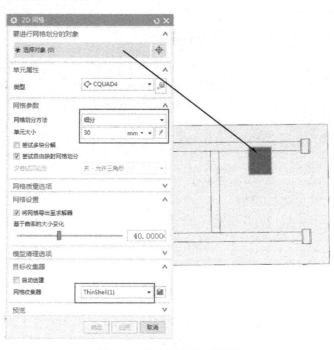

图 8-32 【2D 网格】对话框

2）单击【0D 网格】按钮，弹出【0D 网格】对话框；选取新创建的点为对象，选取
【单元属性】下【类型】下拉列表框内的【CONM2】选项，如图 8-33 所示。单击【类型】
下拉列表框后的【编辑网格相关数据】 按钮，弹出【网格相关数据】对话框，在【质量】
参数框内输入【100】，如图 8-34 所示，单击【确定】按钮。

图 8-33 【0D 网格】对话框

图 8-34 【网格相关数据】对话框

3）单击【连接】下的【网格配对】按钮，弹出【网格配对条件】对话框；选取【类型】下拉列表框内的【手动创建】选项，【源面】为新创建的矩形面，【目标面】为光伏支架面板中面，选取【网格配对类型】下拉列表框内的【粘连非重合】 选项，如图 8-35 所示，单击【确定】按钮。

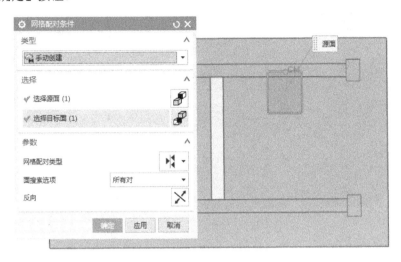

图 8-35 【网格配对条件】对话框

4）隐藏其余模型，只留【0D 网格点】和新创建的矩形面来创建【1D 连接】。单击【1D 连接】按钮，弹出【1D 连接】对话框，如图 8-36 所示；选取【类型】下拉列表框内的【节点到节点】选项，【源】选择【0D 网格点】，【目标】选取矩形面上的所有节点，在【单元属性】下的【类型】下拉列表框内选择【RBE3】选项，单击【确定】按钮，完成后的 1D 连接效果如图 8-37 所示。

图 8-36 【1D 连接】对话框

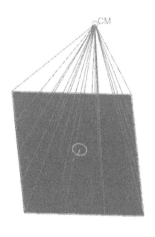

图 8-37 建立的【1D 连接】

8.6.2 查看 0D/1D/2D/3D 模型求解结果

（1）求解装配模型

右键单击【M0801_光伏支架_fem1.fem】节点，选择仿真文件回到 SIM 环境。模型显示如图 8-38 所示。右键单击【Solution 1】节点，选择【求解】选项。

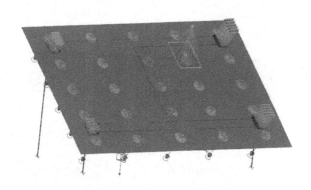

图 8-38　仿真环境下模型

（2）查看装配模型的结果

1）在【后处理导航器】窗口中，双击【位移-节点】节点可以查看位移结果。单击【编辑后处理视图】按钮，弹出【后处理视图】对话框，将【边和面】选项卡中【主显示】的【边】改为【特征】，单击【确定】按钮，该装配模型的位移云图如图 8-39 所示，从该云图可以读出该装配模型的最大变形值及其所在位置，进一步评价该支架的刚度性能。

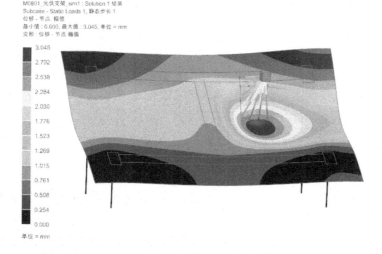

图 8-39　位移云图

2）双击【应力-单元-节点】节点，可以查看应力结果。单击【设置结果】按钮，弹出【平滑绘图】对话框；选取【梁】下拉列表框内的【最大值】选项，选取【节点组合】下拉列表框内的【平均】选项，单击【确定】按钮。

3）单击【编辑后处理视图】按钮，弹出【后处理视图】对话框，选取【颜色显示】下拉列表框内的【分段】，单击【变形】后面的【结果】按钮，弹出【变形】对话框；在【比例】参数框内输入【1】，在下拉列表框内选择【绝对】选项，单击【确定】按钮，返回到【后处理视图】对话框中，单击【确定】按钮完成设置，编辑后的应力云图如图 8-40 所示，从该云图可以读出该装配模型的最大应力值及其所在位置，进一步评价该支架的强度性能。

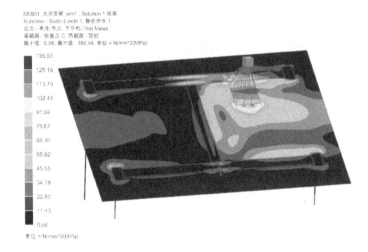

图 8-40 应力云图

8.6.3 0D/1D/2D/3D 模型分析拓展

1）在上述模型基础上，重物投影区域不变，通过编辑 0D 单元质量大小并重新求解该装配模型的解算方案，可以得出重物质量大小对支架强度和刚度的影响规律。

2）在上述模型基础上，0D 单元质量大小不变，通过编辑区域面积大小并重新求解该装配模型的解算方案，可以得出重物均布面积大小对支架强度和刚度的影响规律。

3）如果重物的质量小，可以不考虑重物的质心高度，采用网格点（硬点）命令将重物的质心点建立在支架的平面上，即简化了 0D/1D/2D/3D 装配模型。

以上分析方案、操作步骤和数据分析，由读者自行完成。

8.7 项目总结

1）根据装配部件的结构特点及其连接方式，一些薄壁件可以采用【2D 网格】建模，一些等截面的杆类、管类零件可以采用【1D 网格】建模，重物的质量可以采用【0D 网格】来建模，这样可以大大简化和优化装配模型，为模型解算和分析带来了极大的便利。

2）本项目中【1D/2D/3D 网格】之间存在连接情况，需要用到【1D 连接】【面对面粘连】以及【边对面粘连】等命令，注意各指令的操作流程和要点。

3）本项目拓展中，要能理解【0D 网格】的实质即为模拟重物的存在，重物施加的投影面积可以通过构建草图区域来模拟，还需要注意该区域需要和面板之间建立【网格配对】，即建立了网格之间的连接。

第9章 结构对称有限元分析实例——卡箍受力分析

本章内容简介

　　本章以卡箍与轴管的装配模型为例，介绍了对称问题的分析方法，详细讲解了对称约束的操作流程。对模型采用六面体单元划分网格，介绍了螺栓预紧力载荷和接触分析的使用方法，采用 SOL101 线性静态分析和 SOL601 非线性静态分析两种解算方案，介绍了两种不同解算方案中 4 种载荷工况和接触设置的方法。在项目拓展中将轴管划分为 2D 壳单元，介绍自定义对称约束的方法，并在后处理分别查看2D 单元正面和反面的应力。

9.1 基础知识

9.1.1 结构对称分析的优点

　　实际产品和零件中，存在很多的对称性结构，如果该模型是对称的，可以只取其中一部分模型进行分析。这里的对称性包括两个条件：①几何形状具有对称性；②边界条件具有对称性。这两个对称的条件必须同时满足，才可以只对模型的一部分进行分析。

　　如图 9-1 所示的梁，其两端固定，梁上受到均布载荷。该结构的几何形状和边界条件都具有对称性，可以只对模型的一半进行分析。如图 9-2 所示，用基准面拆分几何模型，形成两个对称的模型，有限元的前处理只需要对半个模型进行网格划分，原有的固定约束不变，仅需要在对称面上添加对称约束，载荷变成原来的一半。

　　识别模型的对称性并只对模型的一部分进行分析，可以有效减少单元和节点数量，提高计算效率，同时还可以准确反应结构的对称性，提高计算精度。

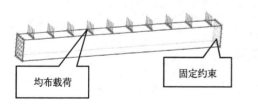

图 9-1　梁对称结构

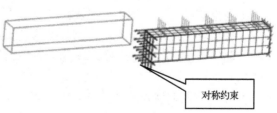

图 9-2　分析半个模型

9.1.2 结构对称分析的方法

对称面上的节点，只可以在对称面内移动，或绕着对称面的法线方向转动。【对称约束】约束的自由度包括一个移动自由度（垂直于对称面的移动）和两个转动自由度（绕着对称面内两根坐标轴的转动）。

以图 9-3a 和图 9-3b 所示的对称结构为例进行说明：①对称面为全局坐标系的 XZ 平面，对称约束 Y 方向的移动和绕着 X、Z 轴的转动，即约束 DOF2、DOF4、DOF6 三个自由度；②对称面上建立了局部直角坐标系，对称约束该坐标系 Z 方向的移动和绕着 X、Y 轴的转动，即约束 DOF3、DOF4、DOF5 三个自由度。

在 NX 中使用【对称约束】⊙命令时，软件会自动根据所选的对称面创建一个局部直角坐标系，并将这个坐标系赋予所选对称面上的所有节点。该坐标系的 Z 轴始终垂直于所选平面，X、Y 轴始终在对称面内。这样创建的对称约束，始终是约束局部坐标系的 DOF3、DOF4、DOF5 三个自由度。

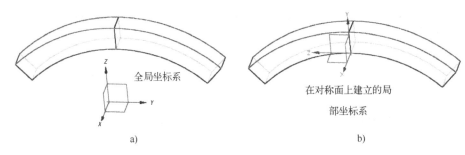

图 9-3 对称约束坐标系

a) 全局坐标系对称面 b) 局部坐标系对称面

9.2 项目描述

图 9-4 所示为卡箍结构及其组成，通过螺栓连接将卡箍压紧在轴管圆柱面上。轴管两端固定，螺栓预紧力【1000N】，卡箍在螺栓预紧力作用下发生弹性变形从而夹紧轴管。卡箍材料为【ABS-GF】，轴管和螺栓的材料是【Steel】（NX 库材料）。采用 NX 有限元来分析如下工况。

1）考虑螺栓施加预紧力和考虑螺栓预紧力用拉力替代等 4 种工况，整个结构的最大位移及其所在位置、最大应力及其所在位置，以及卡箍和轴管接触压力。

2）分别考虑卡箍和轴管接触的线性和非线性接触状态，整个结构的最大位移及其所在位置、最大应力及其所在位置，以及卡箍和轴管接触压力。

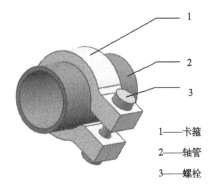

1——卡箍
2——轴管
3——螺栓

图 9-4 卡箍模型

9.3 项目分析

9.3.1 装配模型拆分思路

卡箍装配模型具有两个对称面——*XY* 平面和 *YZ* 平面，用这两个平面作为基准面将装配模型拆成 4 部分，然后用 1/4 模型进行有限元分析，如图 9-5 所示，注意该模型和坐标系之间的方位关系。

9.3.2 接触对的算法简介

模型包含了两个接触对：卡箍内孔表面和轴管外圆柱面的接触、螺栓头部的台阶端面和卡箍相应表面的接触。

对于接触，NX 提供了线性替代和高级非线性两种算法。线性替代算法可以在 SOL101、SOL103、SOL111、SOL112 和 SOL401 这些解算方案中使用。这种方法比较快

图 9-5 卡箍结构 1/4 模型

捷、高效，但是具有一定的局限性，一般用于小滑移的稳定接触。如果接触状态会随着结构的变形发生变化，或者计算之前不能确定哪些单元接触，就应该采用高级非线性算法。

高级非线性算法在 SOL601 和 SOL701 中使用，是集成在 NX 中的 Adina 求解器的接触算法，几乎适用于任何接触情况，用户只需要指定结构中可能会发生接触的区域，计算时由软件自动判断是否接触。非线性计算的每一个增量步都会重新判断接触面的接触状态（是接触还是分离），在计算过程中逐步确定，不断更新。

NX 中定义接触对，需要指定"源区域"和"目标区域"。注意区域表面的方向，实体单元的表面始终是"TOP"，对于壳单元要根据单元的法向来选择相应的表面。如图 9-6 所示，箭头方向表示壳单元的法向，"TOP"和"BOTTOM"分别表示单元的"正面"和"反面"，区域表面总是选择相对的面。

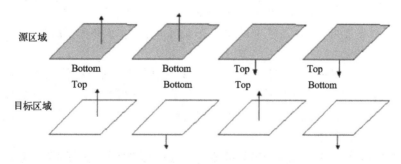

图 9-6 壳单元接触区域

在高级非线性接触算法计算过程中，源区域的节点不允许穿透目标区域，但是目标区域的节点可以穿透源区域，如图 9-7 所示。一般将刚度较大的面作为目标区域，细化网格可以有效减少穿透。

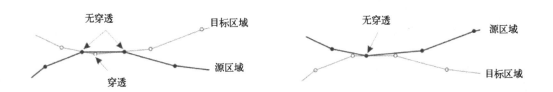

图 9-7　源区域的节点不允许穿透目标区域

9.3.3　螺栓预紧力的处理方法

螺栓在拧紧力矩作用下产生沿着螺栓轴线方向的预紧力。螺栓预紧力使螺栓受到拉伸，两端受力大小相等、方向相反，具有对称性。本章采用了对称模型，可以直接在螺杆中间的对称面上施加一个拉力载荷来模拟螺栓预紧力。

NX 还提供了专门用于施加螺栓预紧力的载荷类型。由于 Nastran 和 Adina 对螺栓预紧力的处理方式不同，SOL101 和 SOL601 中设置螺栓预紧力的方法稍有不同，具体操作方法将在后面章节进行介绍。

9.4　项目操作

9.4.1　创建 FEM 模型和拆分模型

1）打开【M0901_卡箍.prt】模型，进入【前/后处理】模块。

2）在【仿真导航器】窗口中右键单击【M0901_卡箍.prt】节点，选择【新建 FEM 和仿真】选项。在弹出的【新建 FEM 和仿真】对话框中，勾选【创建理想化部件】复选框，单击【确定】按钮。在弹出的【解算方案】对话框中选择【解算方案类型】下拉列表框内的【SOL 101 线性静态-全局约束】选项，单击【确定】按钮。

3）双击【仿真导航器】窗口中的【M0901_卡箍_fem1_i.prt】节点，进入理想模型环境，准备进行拆分体，便于完成模型结构的对称性。

4）单击【提升】按钮，框选整个模型，单击【确定】按钮，将所有的几何体提升出来。

5）单击【拆分体】按钮，在弹出的【拆分体】对话框中，【目标】为整个模型，选取【工具选项】下拉列表框内的【新建平面】选项，在【指定平面】选项后选择【XC】平面，再选择【仿真设置】选项，勾选【创建网格配对条件】复选框，单击【确定】按钮完成拆分，如图 9-8 所示。这时模型被分为两部分。

6）进行同样的操作，单击【拆分体】按钮，在【指定平面】选项后选择【ZC】平面，勾选【创建网格配对条件】复选框，单击【确定】按钮完成拆分。这时模型被分为 4 部分，隐藏其他实体，只显示图 9-5 所示的 1/4 模型。

7）创建一个基准平面，单击【几何准备】菜单栏下的【更多】按钮，选择【基准平面】命令。在弹出的【基准平面】对话框中，选取【类型】下拉列表框内的【曲线和点】选项，选择【子类型】下拉列表框内的【点和曲线/轴】选项，【指定点】为轴管的圆心，【选择曲线对象】为卡箍倒角线，单击【确定】按钮完成基准平面的创建，如图 9-9 所示。

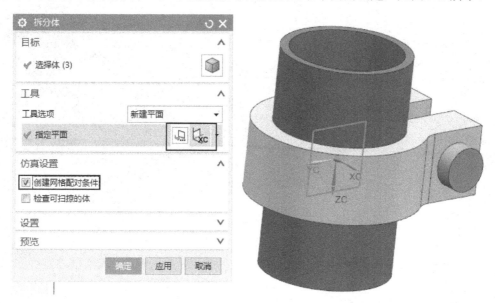

图 9-8 YZ 平面拆分体

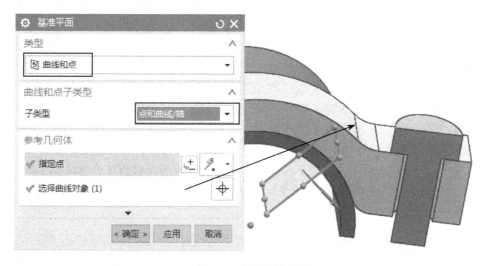

图 9-9 创建基准平面

8）单击【拆分体】按钮，选择新建的【基准平面】为【指定平面】，从而拆分轴管和卡箍。同样单击【拆分体】按钮，以螺栓台阶面为【指定平面】，再把螺栓从台阶面处拆分。（【拆分体】按钮的具体操作如前所示，此处不再赘述。）

9）单击【拆分体】按钮，选取【工具选项】下拉列表框内的【拉伸】选项，如图 9-10 所示，用倒角线沿着 X 轴方向拉伸拆分体，拆分完成后的模型如图 9-11 所示，为了便于区分不同的结构，给每个实体赋予了不同颜色。

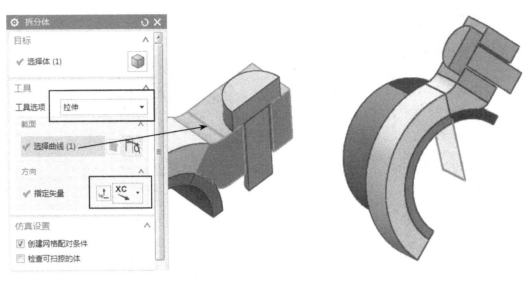

图 9-10 拉伸方式拆分体　　　　　　　　　　图 9-11　拆分后的模型

9.4.2　对称结构划分网格

1）右键单击【M0901_卡箍_fem1_i.prt】节点，选择【M0901_卡箍_fem1.fem】回到 FEM 环境。

2）在【仿真导航器】窗口中，展开【连接收集器】下面的【MMC 集合】节点，这里列出了自动创建的网格配对，并且表示这些配对面上的网格将会共节点。

3）单击【合并面】按钮，选取【类型】下拉列表框内的【基于边】选项，【选择对象】卡箍上多余边线，单击【确定】按钮，从而压缩卡箍上多余的边线，如图 9-12 所示。

4）划分网格之前，可以先在【用户默认设置】中修改网格显示。如图 9-13 所示，将【3D 网格】颜色设为【淡蓝色】、【边颜色】设为【黑色】，【2D 网格】颜色设为【绿色】、【边颜色】设为【黑色】。单击【确定】按钮后，弹出提示重启软件默认设置才会生效。保存所有部件，关闭 NX，然后重新打开【M0901_卡箍_sim1.sim】文件，将【M0901_卡箍_fem1.fem】设为显示部件。

图 9-12　合并面

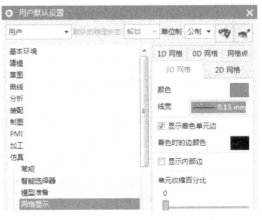

图 9-13　【用户默认设置】对话框

5）对卡箍划分网格。单击【3D 扫掠网格】按钮，弹出【3D 扫掠网格】对话框，选取【类型】下拉列表框内的【多体自动判断目标】选项，【源面】依次选择图 9-14 所示的 3 个面，在【单元属性】下的【类型】下拉列表框选择【CHEXA(8)】，在【源单元大小】参数框内输入【1mm】，取消勾选【尝试自由映射网格划分】复选框，选取【仅尝试四边形】下拉列表框内的【开-零个三角形】复选框，勾选【目标收集器】下的【自动创建】复选框，单击【确定】按钮完成网格划分。完成的六面体网格效果如图 9-15 所示。

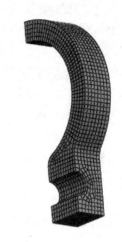

图 9-14　【3D 扫掠网格】对话框　　　　图 9-15　完成的六面体网格

6）在【仿真导航器】窗口中的【3D 收集器】节点下，右键单击【Solid(1)】节点，选择【编辑】选项，将【材料】设为【ABS-GF】（具体操作参考前面章节，此处不再赘述）。

7）对轴管划分网格。单击【2D 映射】按钮，弹出【2D 映射网格】对话框，如图 9-16 所示。【选择对象】为轴管横截面，在【单元大小】参数框内输入【1mm】，取消勾选【将网格导出至求解器】复选框（这里的 2D 网格仅用于对 3D 网格的表面进行控制，不参与计算，所以取消勾选），单击【确定】按钮完成映射的操作。

图 9-16　【2D 映射网格】对话框参数选择

8）双击边线上的菱形，弹出【网格控件】对话框，如图 9-17 所示，选取【密度类型】下拉列表框内的【边上的数量】选项，在【单元数】参数框内输入【46】，单击【确定】按钮，从而将该边上的单元数改为【46】。同理，改变厚度方向上的单元数为【3】，然后单击左上角的【更新】按钮，得到图 9-18 所示的 2D 网格。

9）单击【3D 扫掠】按钮，选取【类型】下拉列表框内的【多体自动判断目标】选项，【源面】选择以 2D 网格所在的两个面作为源面，【源单元大小】参数框内输入【1mm】，【目标收集器】下面勾选【自动创建】复选框，单击【确定】按钮。完成后在【仿真导航器】窗口中新增了【Solid(2)】节点，右键单击【Solid(2)】节点，选择【编辑】选项，将【材料】设置为【Steel】。

10）对螺栓划分网格。首先对螺栓头采用 2D 映射，即单击【2D 映射】按钮，在【2D 映射网格】对话框中，【选择对象】为螺栓头部的台阶端面，【单元大小】为【1mm】，仍然取消勾选【将网格导出至求解器】复选框，单击【确定】按钮完成划分。单击【3D 扫掠网格】按钮对螺栓头划分网格，选取【类型】下拉列表框内的【直到目标】选项，【源面】和【目标面】的选择如图 9-19 所示，【源单元大小】参数框内输入【0.8mm】，勾选【自动创建】复选框，单击【确定】按钮。完成后在【仿真导航器】窗口中新增了【Solid(3)】节点，右键单击【Solid(3)】节点，选择【编辑】选项，将【材料】设置为【Steel】。

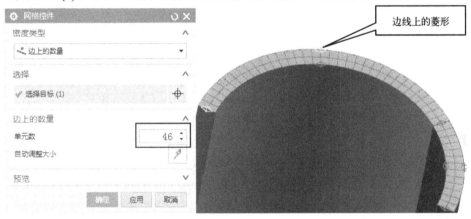

图 9-17 【网格控件】对话框参数选择

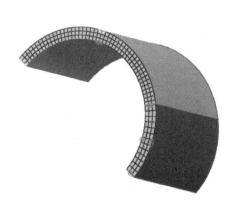

图 9-18 轴管横截面上的 2D 网格

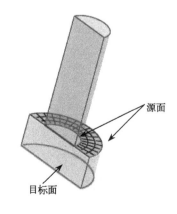

图 9-19 螺栓头的源面和目标面

11）螺杆也采用【3D 扫掠网格】命令划分，在【类型】下拉列表框内选择【多体自动判断目标】选项，【源面】选择螺杆横截面，【源单元大小】参数框内输入【1mm】，在【网格收集器】下拉列表框内选择【Solid(3)】选项，单击【确定】按钮完成网格划分。

12）网格划分完成后，可以将根据单元属性给网格赋予不同的颜色以示区别。在菜单栏【实用工具】中，单击【更多】按钮，选择【模型显示首选项】选项。在弹出的【模型显示】对话框中，选择【单元】选项卡，选取【基础颜色】下拉列表框内的【物理属性表】选项，单击【设置网格颜色】按钮，单击【确定】按钮。网格颜色发生变化如图 9-20 所示。

图 9-20　根据属性设置网格颜色

9.4.3　创建 4 种工况的解算方案

1. 创建解算方案 1：SOL101 力载荷

1）将【M0901_卡箍_sim1.sim】设为显示部件，解算方案【Solution 1】重命名为【SOL101_FORCE】，隐藏所有网格，只显示几何。

2）在【约束类型】下单击【固定约束】按钮，【选择对象】为轴管外侧端面（共 2 个面），如图 9-21 所示。单击【对称约束】按钮，约束轴管和卡箍在 YZ 平面上的对称面（共 3 个面），如图 9-22 所示。

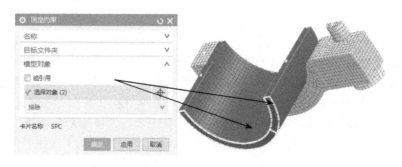

图 9-21　【固定约束】选择面

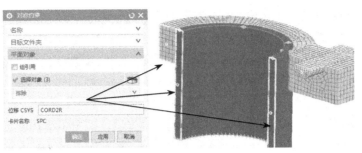

图 9-22 【对称约束面】选择面

3）在【仿真导航器】窗口中【SOL101_FORCE】节点前出现了警告标识 ，表示存在约束冲突。右键单击【SOL101_FORCE】节点，选择【解决冲突】选项，弹出【解决冲突管理器】对话框，如图 9-23 所示。右键单击对话框第一行，选择【应用-Fixed(1)】，单击【关闭】按钮关闭对话框。

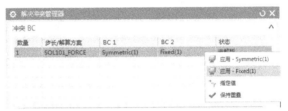

图 9-23 【解决冲突管理器】对话框

4）单击【对称约束】按钮，【选择对象】为轴管、卡箍和螺栓在 *XY* 平面上的对称面（共 8 个面），单击【确定】按钮。在【仿真导航器】窗口中【SOL101_FORCE】节点前出现了警告标识，表示存在约束冲突，右键单击【SOL101_FORCE】节点，选择【解决冲突】，弹出【解决冲突管理器】对话框，右键单击对话框第一行，选择【应用-Symmetric(2)】，单击【关闭】按钮关闭对话框。

5）给螺栓施加力载荷。螺杆整个圆形横截面上受到 1000N 拉力。由于本节案例采用了对称模型，螺栓半圆横截面上受到的拉力应该为 500N。

单击【载荷类型】下的【力】按钮，【选择对象】为螺杆半圆横截面，在【幅值】下【力】的参数框内输入【500N】，【指定矢量】为【XC】，单击【确定】按钮完成力的施加。

6）完成载荷和约束的设置后，在【视图】菜单栏中单击【带有淡化边的线框】 按钮，模型显示如图 9-24 所示。

提示

从图中可以看出，对称约束所在的面上都有一个直角坐标系。这些坐标系是 NX 创建对称约束时自动生成的。在仿真导航器中的 CSYS 下面，可以找到 101 和 102 这两个坐标系。显示所有网格，在【主页】菜单栏单击【节点/单元】 按钮，弹出【节点/单元信息】对话框，在【类型】下拉列表框内选择【节点】选项，选择 *YZ* 平面上的任意几个节点，勾选【求解器语法预览】复选框，单击【确定】按钮。在弹出的【信息】窗口中，显示了这些节点的 ID 号、坐标和节点坐标系。CD 表示节点坐标系，每个节点的 CD 字段都是 101，说明 *YZ* 对称面上所有的节点都赋予了 101 坐标系。再返回到【仿真导航器】窗口中，右键单击【Symmetric(1)】节点，选择【求解器语法预览】选项，在弹出的【信息】窗口中可以看到 C1 字段都是 345，即约束了 DOF3、DOF4、DOF5 三个自由度，正如上一节中提到的那样。

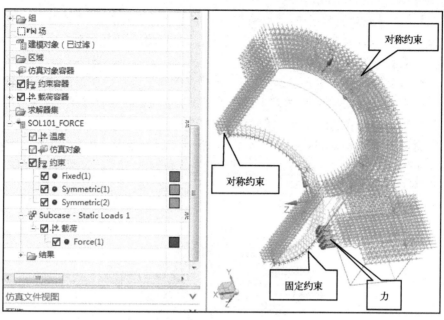

图9-24 载荷和约束

7）在【仿真对象类型】下单击【面对面接触】 按钮。弹出的【面对面接触】对话框如图 9-25 所示，选取【类型】下拉列表框内的【自动配对】选项，单击【创建面对】 按钮，在弹出的对话框中，框选 1/4 模型的所几何体，在【距离公差】参数框内输入【0.1mm】，单击【确定】按钮回到【面对面接触】对话框。【静摩擦系数】参数框内输入【0.3】，【最大搜索距离】参数框内输入【0.1mm】。单击【线性替代】后面的【创建建模对象】 按钮，弹出图 9-26 所示的对话框，选取【初始穿透/间隙】下拉列表框内的【设为零】选项，单击后面的【添加】按钮，单击【确定】按钮回到原对话框中，再单击【确定】按钮完成接触设置。

图9-25 【面对面接触】对话框

图9-26 【线性替代】对话框

8）在【仿真导航器】窗口中，【仿真对象】节点下面增加了 3 个接触对，双击【Face Contact(1)】节点可以查看接触参数。注意使用【自动配对】创建接触时，NX 会自动在距离小于【距离公差】的两个面之间建立接触。

9）右键单击【SOL101_FORCE】节点，选择【编辑】选项，在弹出的对话框中，选择左侧的【工况控制】，单击【输出请求】后面的【编辑】按钮，选择【接触结果】，勾选【启用 BCRESULTS 请求】复选框，单击【确定】按钮完成。

10）右键单击【SOL101_FORCE】节点，选择【求解】选项。计算完成后，双击【仿真导航器】窗口中的【结果】，可以查看结果。查看【位移】节点，发现螺栓发生了横向移动，并且穿透了卡箍，如图 9-27 所示。

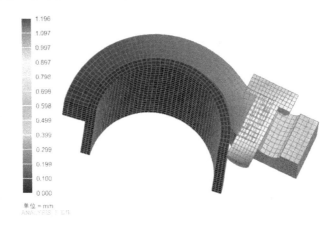

图 9-27　位移云图

提示

实际中拧紧螺栓时，螺母是固定的，螺栓拧紧后不会有横向移动。为了限制螺栓的横向移动，可以给螺栓增加 Y 方向的约束，也可以通过修改接触参数来控制接触的切向刚度。这里，选择第二种方式来实现。

11）单击左上角的【回到主页】按钮，返回到仿真界面。在【仿真导航器】窗口中，双击【仿真对象】下面的【Face Contact(1)】（螺栓和卡箍的接触）节点进行编辑。在对话框中，单击【线性替代】后面的【创建建模对象】 按钮，选取【初始穿透/间隙】下拉列表框内的【设为零】选项，【法向罚因子】参数框内输入【1】，【切向罚因子】参数框内输入【0.6】，分别添加成功后，单击【确定】按钮完成设置。默认情况下，法向罚因子是切向罚因子的 10 倍，一般不需要设置。

12）右键单击【SOL101_FORCE】节点，选择【求解】选项重新提交计算，计算完成后查看结果。

2. 创建解算方案 2：SOL101 螺栓预紧力载荷

1）在【仿真导航器】窗口中右键单击【SOL101_FORCE】节点，选择【克隆】选项复制解算方案，并将其重命名为【SOL101_BOLTFOR】。在这个解算方案中，将采用螺栓预紧力载荷。

2）在【约束类型】下单击【对称约束】按钮，【选择对象】为螺杆半圆横截面，单击

【确定】按钮。在【仿真导航器】窗口中,【SOL101_BOLTFOR】节点前出现了警告标识,右键单击【SOL101_BOLTFOR】节点,选择【解决冲突】选项,右键单击第一行选择【应用-Symmetric(3)】。返回到【仿真导航器】窗口中,在结构树【载荷】下面,右键单击【Force(1)】,选择【移除】选项。

3)显示所有网格,单击【螺栓预紧力】按钮。在弹出的【螺栓预紧力】对话框中,选取【类型】下拉列表框内的【3D 单元上的力】选项,【选择对象】为框选螺杆任一横截面上(对称约束的横截面除外)的所有节点,【方向】为【X 轴】,在【力】参数框内输入【500N】,如图 9-28 所示,单击【确定】按钮。将【仿真导航器】窗口下的结构树全部展开,【SOL101_BOLTFOR】的各个子节点如图 9-29 所示。

4)右键单击【SOL101_ BOLTFOR】节点,选择【求解】选项,计算完成后,可以查看结果。

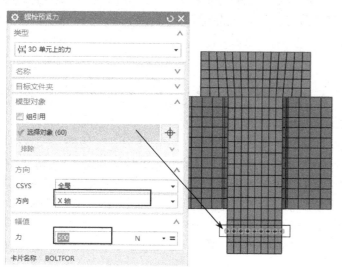

图 9-28 设置螺栓预紧力

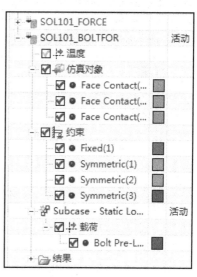

图 9-29 展开结构树

3. 创建解算方案 3：SOL601 力载荷

1)在【仿真导航器】窗口中,右键单击【M0901_卡箍_sim1.sim】节点,选择【新建解算方案】选项。

2)在弹出的【解算方案】对话框中,选取【解算方案类型】下拉列表框内的【SOL 601,106 高级非线性静态】选项,将【名称】后的【Solution 1】重命名为【SOL601_FORCE】,单击【确定】按钮。

提示

在非线性分析中,载荷需要逐步加载,这里采用 ATS(Automatic Time Stepping)自动时间步,并设置载荷随时间变化的历程。注意静态分析中的时间并不是实际的时间,只是用于对载荷步进行分解,作为计数的参考量。

3)在【仿真导航器】窗口中,展开【SOL101_FORCE】节点下面的【约束】,将这些约束拖放到【SOL601_FORCE】节点下面的【约束】中,将【SOL101_FORCE】节点下的【仿真对象】中的所有接触,拖放到【SOL601_FORCE】的【仿真对象】中。

提示

拖放时，按住鼠标左键不放，移动光标至目标位置，然后松开。拖放操作能够方便在不同的解算方案之间，共用相同的约束、载荷和仿真对象。这是 NX 非常实用的一个功能。

4）在【SOL601_FORCE】的【仿真对象】节点下，双击【Face Contact(3)】（小轴管部分与卡箍的接触）节点，弹出【Face Contact(3)】对话框。在对话框中，单击【高级非线性】后面的【创建建模对象】按钮，弹出对话框，选取【初始穿透】下拉列表框内的【已忽略】选项，单击【确定】按钮。双击【Face Contact(2)】（大轴管部分与卡箍的接触）节点，选取【高级非线性】下拉列表框内的【Contact Parameters – Advanced Nonlinear Pair1】选项，单击【确定】按钮。双击【Face Contact(1)】（螺栓和卡箍的接触）节点，单击【高级非线性】后面的【创建建模对象】按钮，弹出的对话框中，选取【初始穿透】下拉列表框内的【已忽略】选项，选取【位移公式】下拉列表框内的【小位移】选项，单击【确定】按钮。以上设置用于在高级非线性解算方案中忽略初始穿透，同时将螺栓和卡箍的接触设为"小位移"接触，避免螺栓横向滑动。

提示

接触是自动搜索匹配出来的，如果选择不同的 1/4 模型，则操作创建出来的接触对顺序可能不一样。

5）在【载荷类型】下选择【力】选项，弹出图 9-30 所示的【力】对话框，【选择对象】为螺杆半圆横截面，单击【力】后面的 ＝ 按钮，选择【新建场】后面的【表】选项，在弹出的【表格场】对话框中，选取【域】下拉列表框内的【时间】；在【数据点】下方的文本框中，输入【0，0】，按〈Enter〉键，再输入【1，500】，按〈Enter〉键，单击【确定】按钮回到【力】对话框。在【方向】下的【指定矢量】下拉列表框内选择【XC】，单击【确定】按钮完成力的施加。这里设置了力随时间变化的历程，0～1s 的时间内，力从 0 增大到 500N。仿真导航器的结构树全部展开后如图 9-31 所示。

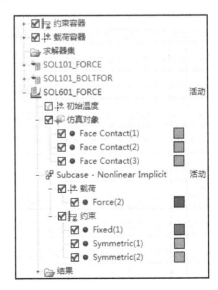

图 9-30　设置载荷历程　　　　　　图 9-31　展开结构树

6）在【仿真导航器】窗口中，右键单击【SOL601_FORCE】节点选择【编辑】选项。选择对话框左侧的【工况控制】选项，确认【输出请求】中的【接触结果】复选框已经勾选，单击【时间步间隔】后面的🖼按钮，弹出【建模对象管理器】对话框，如图 9-32 所示。单击【创建】按钮，在【时间增量】参数框内输入【0.1】，其他保持不变，这里的【时间步数】为【10】，【时间增量】为【0.1】，则 Time Step 总时间为 10×0.1=1s，与力载荷的总时间 1s 一致，如图 9-33 所示。

7）单击【确定】按钮，回到前一步骤的对话框。单击【列表】右下方的【添加】➕按钮，将 Time Step1 添加进来，单击【关闭】按钮。返回到【工况控制】设置界面，单击【策略参数】后面的【创建建模对象】🖼按钮，弹出对话框，选择对话框左侧【分析控制】选项，选取【自动增量】下拉列表框内的【ATS】选项，再选择对话框左侧的【平衡】选项，在【每个时间步的最大迭代次数】参数框内输入【30】，单击【确定】按钮。返回到【工况控制】设置界面，选择对话框左侧的【参数】选项，勾选【大位移】复选框，单击【确定】按钮完成编辑。

图 9-32　【建模对象管理器】对话框

图 9-33　【Time Step1】对话框

8）在【仿真导航器】窗口中，右键单击【SOL601_FORCE】节点选择【编辑求解器参数】选项，弹出【求解器参数】对话框。在【并行】参数框内输入【2】，单击【确定】按钮。表示计算时采用 2 核并行计算，加快计算效率。

9）右键单击【SOL601_FORCE】节点，选择【求解】选项。非线性计算过程中，可以查看迭代收敛曲线。在【解算监视器】对话框下，选择【非线性历史记录】选项卡，如图 9-34 所示，*ΔT* 表示每个载荷步的时间步长，*ΔN* 表示每个载荷步的迭代次数。采用 ATS 算法求解时，如果某一个载荷步 *ΔN* 达到【每个时间步的最大迭代次数】（前面设置的 30）还未收敛，NX 会自动减小时间步长，重新进行迭代计算直到收敛。实际应用中，可以根据需要来设置【每个时间步的最大迭代次数】。选择【载荷步收敛】选项卡，如图 9-35 所示，曲线显示了迭代过程中残差的变化，当残差小于收敛准则设置的容差时，达到收敛。

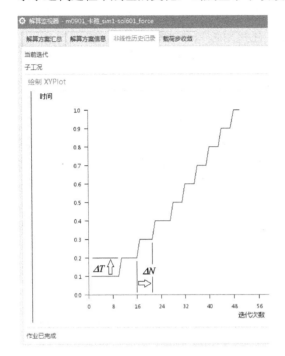

图 9-34　非线性历史记录

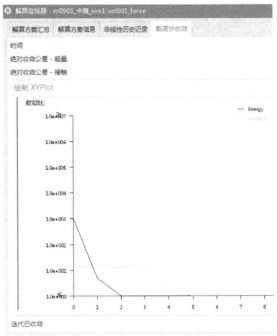

图 9-35　载荷步收敛

计算完成后，可查看结果，与前面解算方案结果进行对比。

4. 创建解算方案 4：SOL601 螺栓预紧力载荷

1）右键单击【SOL601_FORCE】节点，选择【克隆】选项，并将新的解算方案重命名为【SOL601_BOLTFOR】。在这个解算方案中，将采用非线性的螺栓预紧力载荷。

2）在【仿真导航器】窗口中，将【SOL101_BOLTFOR】中【约束】节点下的【Symmetric(3)】拖放到【SOL601_BOLTFOR】的【约束】中，在【载荷】节点下，右键单击【 Force(1)】，选择【移除】选项。

3）隐藏几何体，只显示螺栓的网格，单击【载荷类型】下的【螺栓预紧力】按钮，选取【类型】下拉列表框内的【3D 单元上的力】选项，【模型对象】下的【选择对象】为螺栓的所有网格（框选螺栓），【螺栓平面】下的【选择对象】为螺杆任一横截面上（对称约束的横截面除外）的一个节点，选取【方向】下拉列表框内的【X 轴】，在【力】参数框内输入【500N】，如图 9-36 所示，单击【确定】按钮。螺栓预紧力在所有载荷之前进行计算，不需要设置时间历程。

4）在【仿真导航器】窗口中，右键单击【SOL601_BOLTFOR】节点选择【编辑】选项。【解算方案】对话框中，【工况控制】和【参数】继承了【SOL601_FORCE】中的所有设置，由于螺栓预紧力不需要设置时间历程，而且模型中不包含其他载荷，可以不设置时间步。选择对话框左侧的【工况控制】选项，单击【时间步间隔】后面的 按钮，选择对话框下部【列表】中的【Time Step1】，单击【删除】 按钮移除时间步，单击【关闭】按钮。回到【解算方案】对话框中，单击【策略参数】选项后面的【编辑】 按钮，选择对话框左侧的【其他】选项，在【螺栓预载步数】参数框内输入【5】，单击【确定】按钮，将螺栓预紧力分成 5 个增量步进行计算。单击【确定】按钮，关闭【解算方案】对话框。

5)【仿真导航器】窗口中的结构树全部展开应该如图 9-37 所示。提交求解，计算完成后，可以查看结果。

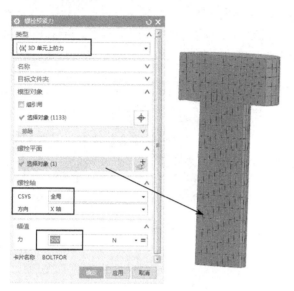

<table>
<tr><td>图 9-36　SOL601 中设置螺栓预紧力</td><td>图 9-37　展开结构树</td></tr>
</table>

这一节完成了 4 种不同的解算方案，每个方案的设置见表 9-1。下一节将对不同解算方案的求解结果进行对比。

表 9-1　不同解算方案的设置

解算方案	接触算法	螺栓半圆横截面的约束	载荷
SOL101_FORCE	线性替代	无	力 500N
SOL101_ BOLTFOR	线性替代	对称约束	螺栓预紧力 500N
SOL601_FORCE	高级非线性	无	力 500N
SOL601_BOLTFOR	高级非线性	对称约束	螺栓预紧力 500N

9.5　项目结果

9.5.1　查看后处理位移结果

在后处理器中，分别查看 4 种解算方案的【位移】结果（注意：【SOL601_FORCE】中包含了 10 个时间步的结果，从 0.1s 到 1s 每隔 0.1s 输出一个结果，最后一个时间步是最大载荷 500N 对应的结果）。

单击【编辑后处理视图】按钮，弹出【后处理视图】对话框。切换到对话框中的【显示】选项卡，在【颜色显示】下拉列表框内选择【分段】选项，单击【变形】后的【结果】

按钮，在【比例】参数框内输入【1】，在下拉列表框内选择【绝对】，单击【确定】按钮，切换到【边和面】选项卡，在【主显示】下，选取【边】下拉列表框内的【特征】选项，单击【确定】按钮完成后处理视图设置。

4 种解算方案的位移结果如图 9-38 所示。SOL101 中采用力载荷和螺栓预紧力载荷的结果比较接近（注意：可能计算结果会有差别，由于螺栓和卡箍之间可能产生滑动，即使提高切向刚度也不能完全消除滑动），SOL601 中两种载荷的结果差异较大。采用力载荷时，螺杆横截面上没有约束，螺栓会发生倾斜，与实际不符。

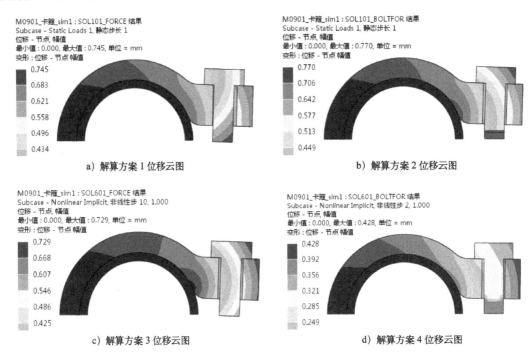

a）解算方案 1 位移云图　　　　　　b）解算方案 2 位移云图

c）解算方案 3 位移云图　　　　　　d）解算方案 4 位移云图

图 9-38　4 种解算方案的位移结果

初始状态下螺栓头与卡箍上表面是贴合的。在预紧力作用下，卡箍外侧会向下倾斜，这时螺栓外侧会与卡箍分离，只有靠近轴管的这一侧仍然与卡箍接触。这种接触状态的变化，只有在 SOL601 高级非线性解算方案中才能正确模拟。

9.5.2　查看后处理接触压力结果

在【后处理导航器】窗口中查看【接触压力-节点】，可以检查接触状态。【SOL601_BOLTFOR】的【接触压力-节点】结果如图 9-39 所示（变形放大 10 倍）。螺栓靠近轴管的一侧存在接触压力，外侧与卡箍分离、接触压力为 0。

提示

实际应用中，如果螺栓连接的零件始终与螺栓良好接触，可以使用 SOL101 解算方案；否则，建议使用 SOL601 解算方案。

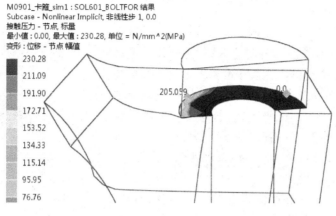

图 9-39　螺栓接触压力云图

9.5.3　查看后处理非线性应力结果

1）查看【SOL601_BOLTFOR】解算方案的【非线性应力-单元-节点】结果，单击【设置结果】按钮，选取【节点组合】下拉列表框内的【平均值】选项，单击【确定】按钮，整个模型的应力云图如图 9-40a 所示。

2）在【后处理导航器】窗口中，展开【云图】下的【Post View】，只勾选【3D 单元】中的【3d_mesh(1)～3d_mesh(3)】复选框，可以单独查看卡箍的应力，如图 9-40b 所示。

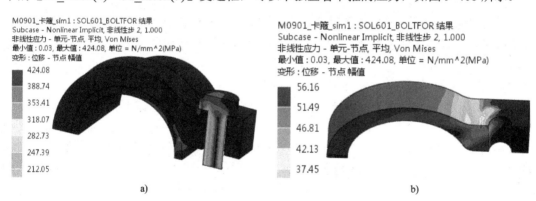

图 9-40　非线性应力结果

a) 装配体应力云图　　b) 卡箍应力云图

9.6　项目拓展

9.6.1　抽取中面创建 2D 单元

卡箍装配模型中的轴管，还可以采用 2D 壳单元来模拟。首先对理想化几何模型抽取中面，然后在 FEM 界面对中面划分 2D 网格并赋予材料和厚度，最后在 SIM 操作界面中设置接触及边界条件，重新求解计算。

（1）轴管抽取中面

将【M0901_卡箍_fem1_i.prt】设为显示部件，进入理想模型环境。单击【按面对创建中面】按钮，【选择实体】为轴管的两个实体，选取【策略】下拉列表框内的【级进】选项，单击【自动创建面对】按钮，单击【确定】按钮完成对轴管的两个实体抽中面。隐藏轴管的实体，单击【缝合】📖按钮，依次选择抽中面得到的两个片体，单击【确定】按钮，模型如图9-41所示。

（2）创建 FEM 文件

将【M0901_卡箍_fem1.fem】设为显示部件，展开【仿真导航器】窗口中的【3D 收集器】节点，删除【Solid(2)】节点下面所有轴管的 3D 网格。隐藏轴管实体，单击【2D 映射】按钮，在轴管中面上划分 2D 映射

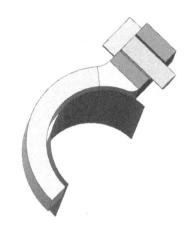

图 9-41 轴管抽中面效果

网格，选取【类型】下拉列表框内的【CAUQD4】选项，勾选【目标收集器】后面的【自动创建】复选框，【选择对象】为轴管中面，在【单元大小】参数框内输入【1mm】，勾选【将网格导出至求解器】复选框，单击【确定】按钮。在【仿真导航器】窗口中，右键单击【ThinShell(3)】节点（轴管中面的），选择【编辑】选项，将【材料】设为【Steel】，【厚度】为【2mm】（具体操作参阅前面相关章节，此处不再赘述）。

（3）创建 SIM 文件

将【M0901_卡箍_sim1.sim】设为显示部件，进入仿真环境。右键单击【SOL601_BOLTFOR】节点，选择【克隆】选项，并将新的解算方案重命名为【SOL601_BOLTFOR_2D】。

在【仿真导航器】窗口中，选中【仿真对象】节点下面的【Face Contact(2)】和【Face Contact(3)】（小轴管与卡箍、大轴管与卡箍的接触），右键单击，选择【移除】命令。

检查 2D 单元的法向：右键单击【ThinShell(3)】节点（轴管中面的 2D 映射），选择【全部检查】后面的【单元法向】选项，在弹出的对话框中单击【显示法向】按钮，法向沿轴管径向向外，即轴管中面与卡箍的接触面，应该是 2D 单元的"正面"，如图 9-42 所示。

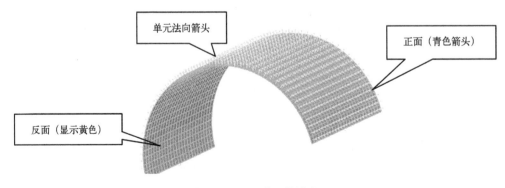

图 9-42 2D 单元的法向

1234567890

1234567890

在【仿真类型】下选择【面对面接触】命令，弹出【面对面接触】对话框，选取【类型】下拉列表框内的【手工】选项，单击【源区域】后的【创建区域】 按钮，选择卡箍上可能与轴管接触的面（共 3 个面），如图 9-43 所示，选取【曲面】下拉列表框内的【TOP】选项，单击【确定】按钮；单击【目标区域】后的【创建区域】 按钮，选择轴管中面（共 2 个面），选取【曲面】下拉列表框内的【TOP】选项，单击【确定】按钮；【静摩擦系数】参数框内输入【0.3】，【最大搜索距离】参数框内输入【0.1mm】；单击【高级非线性】后面的【创建建模对象】 按钮，选取【初始穿透】下拉列表框内的【已忽略】选项，选取【偏置类型】下拉列表框内的【壳厚度的一半】选项，如图 9-44 所示，单击【确定】按钮，完成面对面接触设置。

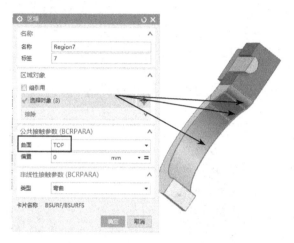

图 9-43 【源区域】选择

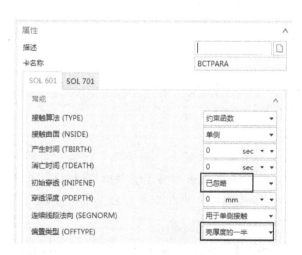

图 9-44 定义接触参数

9.6.2 边界线上创建对称约束

1）在【仿真导航器】窗口中，选中【约束】节点下面的所有约束，右键单击，选择

【移除】命令。

2）单击【固定约束】按钮，约束轴管中面外侧的边界线，如图 9-45 所示。单击【对称约束】按钮，约束卡箍和螺栓的 *YZ* 对称面（共 2 个面），如图 9-46 所示；单击【对称约束】按钮，约束卡箍和螺栓的 *XY* 对称面（共 6 个面），如图 9-47 所示。

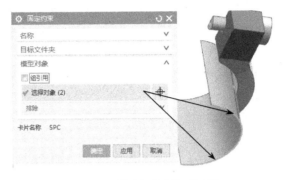

图 9-45 【固定约束】对话框

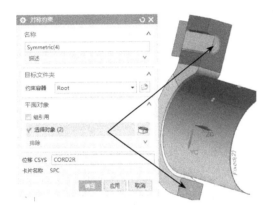

图 9-46 【对称约束】选择

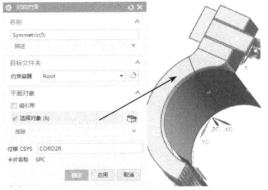

图 9-47 【对称约束】选择

3）右键单击【SOL601_BOLTFOR_2D】节点，选择【解决冲突】命令，右键单击第一行选择【应用-Symmetric(5)】。

提示

NX 的【对称约束】只能施加在面上。轴管抽中面后，对称面上只有边线，无法对边界线施加【对称约束】，但是可以采用【用户定义约束】 来设置。具体需要约束哪些自由度，可以参考本章基础知识中的内容（注意观察图中线条与坐标的位置，判断自由度）。

4）单击【用户定义约束】按钮，选择中面 *XY* 平面上的边线（共 2 条边），固定【DOF3】【DOF4】【DOF5】三个自由度，如图 9-48 所示，单击【应用】按钮；再选择 *YZ* 平面上的边线（共 2 条边），固定【DOF1】【DOF5】【DOF6】三个自由度，如图 9-49 所示，单击【确定】按钮。

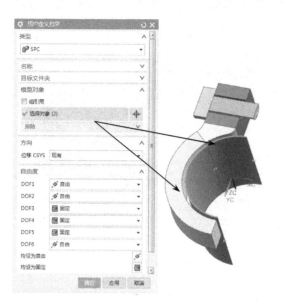
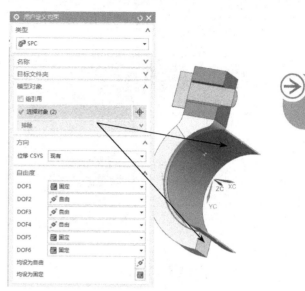

图 9-48　*XY* 平面上的对称约束　　　　　　　　　　图 9-49　*YZ* 平面上的对称约束

9.6.3　2D 单元和 3D 单元结果对比

对上述解算方案进行提交并求解，计算完成后，查看轴管的【非线性应力-单元-节点】结果云图（限于篇幅，下面仅比较两者的应力结果，读者还可以比较位移、接触压力等结果）。

单击【设置结果】 按钮，选取【节点组合】下拉列表框内的【平均值】选项；【壳】下拉列表框内可以选择【顶部】和【底部】选项分别代表壳单元"正面"和"反面"的应力。

将【SOL601_BOLTFOR】和【SOL601_BOLTFOR_2D】的应力结果进行对比，如图 9-50 和图 9-51 所示，2D 单元和 3D 单元的结果相符。

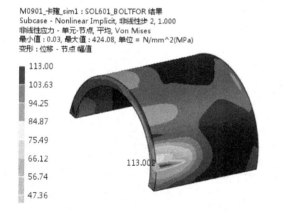
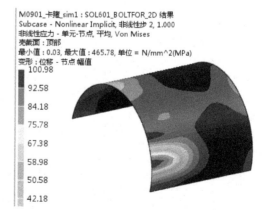

图 9-50　壳单元【顶部】的应力结果与 3D 单元对比

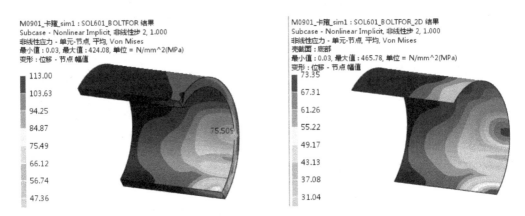

图 9-51　壳单元【底部】的应力结果与 3D 单元对比

9.7　项目总结

1）理解【对称约束】的本质、使用条件和应用场合，能根据模型几何特点和边界条件合理划分模型。在本项目设置约束过程中，注意【固定约束】与【对称约束】的使用对象，并且要留意约束冲突及其解决冲突的方法。

2）了解 SOL101 线性静态分析和 SOL601 非线性静态分析解算方案的区别与使用范围，注意项目中两种解算方案下螺栓预紧力的设置方法不同、接触设置的不同（接触算法不同，SOL101 采用线性替代，而 SOL601 则采用高级非线性）。

3）拓展项目中采用 2D 壳单元，注意在不能使用【对称约束】命令的情况下，准确使用【用户定义约束】命令完成对 2D 壳单元指定边线各自由度的设置，使之达到【对称约束】要求的效果。

第 10 章 轴对称有限元分析实例—— 球形薄壳承压分析

本章内容简介

本项目主要介绍轴对称模型的分析方法。以球形薄壳承压分析为例，介绍了线性静态分析和屈曲分析的使用场合和操作流程。屈曲分析包括线性屈曲分析和非线性屈曲分析，其中线性屈曲分析采用 SOL105 解算方案，非线性屈曲分析可以采用 SOL106 非线性和 SOL601 高级非线性这两种解算方案，本项目演示了这两种解算方案的操作流程，并对结果进行了对比。在项目拓展中，着重介绍了高级非线性静态分析中【LDC】算法的参数设置方法。

10.1 基础知识

10.1.1 轴对称分析基本概念

很多零件具有中心对称轴，而且载荷和约束也是轴对称的，具备这样特征的模型及其有限元分析问题称为轴对称问题。在 NX Nastran 中，可以采用轴对称单元来处理这类问题，使得 FEM 模型得到了简化。

轴对称单元包括 CTRAX3、CQUADX4、CTRAX6、CQUADX8、CTRIAX6、CTRIAX 和 CQUADX。如图 10-1 所示的轴对称模型，在其轴向和径向所确定的平面上划分轴对称单元的 2D 网格，Nastran 将会识别出这些 2D 网格绕着轴线扫掠一周（360°）的实体模型。虽然轴对称单元的网格是 2D 网格，但是它们属于 3D 实体单元，需要赋予实体单元的属性。

轴对称单元，只能在 *XZ* 平面或者 *XY* 平面内定义，坐标方向见表 10-1。如果在 *XZ* 平面内定义，*Z* 轴必须为中心对称轴，*X* 轴作为径向；如果在 *XY* 平面内定义，*X* 轴必须为中心对称轴，*Y* 轴作为径向。

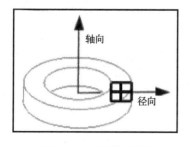

图 10-1 轴对称单元

表 10-1 轴对称单元坐标方向

轴对称单元所在的平面	XZ 平面	XY 平面
轴向	Z 轴	X 轴
径向	X 轴	Y 轴

10.1.2 屈曲分析基础知识

本章的薄壳承载分析案例，涉及屈曲分析，包括线性屈曲和非线性屈曲。线性屈曲分析基于小位移、弹性变形假设，NX Nastran 中采用 SOL105 进行分析；如果结构需要考虑材料非线性或大变形（几何非线性），线性屈曲分析的结果将会和实际相差较大，这时应该采用 SOL106 进行非线性屈曲分析。

在线性静态分析中，通常认为结构处于稳定的平衡状态，并且假定移除载荷后，结构可以恢复初始位置。但是在某些载荷作用下结构可能变得不稳定，即使载荷不再增加，变形仍然继续。这种情况，我们称之为"屈曲"或者"失稳"。如图 10-2 所示，两端铰支的细长杆，受到压缩载荷作用。当压缩载荷大于临界载荷时，会发生屈曲，其中的临界载荷可以通过压杆稳定的欧拉公式进行计算。

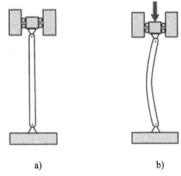

图 10-2　细长压杆失稳示意图

a) 未施加载荷的状态　　b) 施加载荷后的状态

线性屈曲分析的有限元方法，在线性刚度的基础上考虑了微分刚度的影响。从物理的角度来看，微分刚度对结构的影响表现为：在轴向压缩载荷的工况下使结构变软（刚度减小），在轴向拉伸载荷的工况下使结构变硬（刚度增大）。微分刚度[K_d]和给定的外载荷 Pa 有关，它与结构本身的刚度矩阵[K]组合在一起，构造求解特征值问题的方程如下：

$$[K + \lambda_i K_d]\{u\} = 0 \qquad (10\text{-}1)$$

特征值 λ_i 是各阶屈曲模式下的载荷因子，将特征值 λ_i 和外载荷 Pa 相乘，就得到了屈曲临界载荷 Pcr_i：

$$Pcr_i = \lambda_i \cdot Pa \qquad (10\text{-}2)$$

一般来说，工程上只关心最小的临界载荷。如果把各阶屈曲模式的特征值 λ_i 从小到大排列，只需求得第一阶的特征值 λ_1，就可以得到最小的临界载荷 Pcr_i。

结构发生屈曲后，可能完全丧失承载能力，也有可能在新的位置重新获得抵抗变形的能力。如图 10-3 所示的薄壳结构受到压缩载荷后，其压力-位移曲线如图 10-4 所示。曲线上 A 点，压力达到临界载荷。A 点之后发生屈曲，直到 B 点重新获得刚度。在 A 和 B 之间，薄壳从"凸起"变成"凹陷"，刚度发生"跳跃"，丧失稳定性。要对这种临界点之后的后屈曲行为进行分析，需要采用非线性屈曲分析。

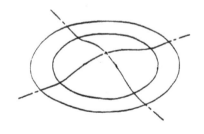

图 10-3　薄壳非线性屈曲

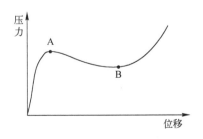

图 10-4　压力-位移曲线

10.2 项目描述

如图 10-5 所示的球形薄壳结构，底部外缘固定，上表面受到均布压强载荷，材料为 7075-T6 铝合金板，密度 2800kg/m³，杨氏模量 74500MPa，泊松比 0.3，【Von Mises】屈服强度 538MPa，材料应力-应变关系采用双线性随动硬化模型，硬化模量为 7580MPa。

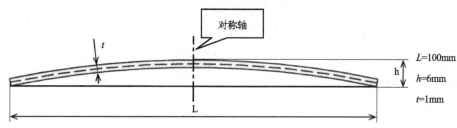

图 10-5　球形薄壳及其尺寸

本项目采用 NX 有限元分析如下问题：当均布压强载荷为 P=2MPa 时，零件强度是否足够？零件能承受多大的压强而不发生屈曲？

10.3 项目分析

10.3.1 屈服分析的基本思路

本案例的模型、载荷和约束都是轴对称的，可以采用轴对称结构分析。具体思路如下：

1）采用 SOL101 线性静态分析进行尝试，如果该分析方案得到的应力值已经超过屈服强度，则无须进行屈曲分析，零件强度不满足要求。

2）如果线性静态分析的应力没有超过屈服强度，还应该考虑薄壳零件受压发生屈曲的情况，进一步采用 SOL105 线性屈曲分析方案，求解临界载荷。

3）由于线性屈曲分析无法考虑非线性行为，得到的临界载荷一般会偏大。需要进一步采用 SOL106 或者 SOL601 进行非线性屈曲分析，能够更准确地求解出真实的临界载荷，也更能模拟该结构的屈曲行为。

10.3.2 项目材料的本构模型

双线性弹塑性材料模型，所描述的应力-应变关系（本构模型）如图 10-6 所示，通过两条直线段来模拟弹塑性材料的本构关系，两条直线的斜率分别为弹性模量 E 和切线模量 E_t。应力和应变在材料屈服以前，按照弹性模量成比例变化；屈服以后，按比弹性模量小的另一个模量（切线模量）成比例变化。

NX Nastran 中定义的硬化模量 H 与弹性模量 E 和切线模量 E_t 之间的关系如下：

$$H = \frac{E_t}{1 - E_t / E} \tag{10-1}$$

NX 11.0 轴对称单元的有限元分析功能，目前只支持 SOL101、SOL106 和 SOL601 三种解算方案。而 SOL106 中的轴对称单元，只有在超弹性分析中表现出非线性，其他情况下仍然是线性的。SOL601 可以完全支持轴对称单元的非线性分析问题。

本章中 SOL101 分别采用 3D 模型和轴对称单元进行分析，SOL105 和 SOL106 只采用 3D 模型进行分析，SOL601 只采用轴对称单元进行分析。由于轴对称模型具有无数个对称面（任何一个通过中心对称轴的平面都是对称面），结合上一章介绍的对称问题的有限元分析方法，可以拆分出 1/180 模型（见图 10-7），划分 3D 六面体单元进行分析。

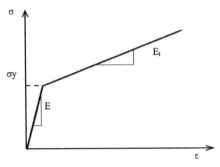

图 10-6　双线性弹塑性材料模型

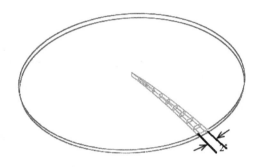

图 10-7　1/180 模型示意图

10.4　项目操作

10.4.1　创建非轴对称解算方案

1. 创建 FEM 模型

1）打开【M1001_球壳.prt】模型，进入【前/后处理】环境。单击【新建 FEM 和仿真】节点，勾选【创建理想化部件】复选框，在【求解器】下拉列表框中选择【NX NASTRAN】选项，【分析类型】下拉列表框选择【结构】选项，然后选择【SOL 101 线性静态-全局约束】解算方案类型。解算方案名称改为【Solid_SOL101】，代表 3D 模型的 SOL101 线性静态分析。

2）将【M1001_球壳_fem1_i.prt】设为显示部件，并对几何体进行提升。

3）单击【拆分体】按钮，【目标】选择球壳的几何体，在【工具选项】下拉列表框中选择【拉伸】选项，单击【选择曲线】后面的【绘制截面】按钮，创建草图。在 XY 平面上绘制两条通过原点的线段，一条在 X 轴上，另一条与 X 轴夹角为 2°，如图 10-8 所示。单击菜单栏左上角的【完成】按钮，退出草图，单击【确定】按钮，完成拆分草图绘制。

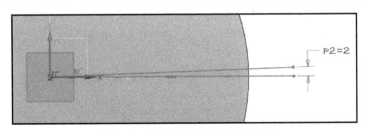

图 10-8　绘制草图用于拆分几何体

4）进入 FEM 界面，在【仿真导航器】中将大的几何体抑制，然后采用【2D 网格】，在 2° 球壳的上表面划分 2D 网格种子。【网格划分方法】下拉列表框中选择【铺砌】选项，在【单元大小】参数框中输入【2mm】，【仅尝试四边形】下拉列表框选择【关-允许三角形】选项，取消勾选【将网格导出至求解器】复选框，得到图 10-9 所示的 2D 网格。

5）采用【3D 扫掠网格】，以上表面为源面划分 3D 网格，【网格类型】下拉列表框中选择【CHEXA(8)】，【源单元大小】参数框中输入【2】，勾选【使用层】复选框，【层数】参数框输入【3】，得到图 10-10 所示的 3D 网格效果。

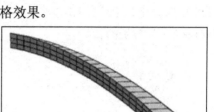
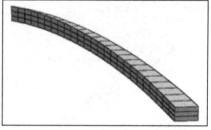

图 10-9 上表面的 2D 网格 　　　　　图 10-10 3 层 3D 网格

6）在【仿真导航器】中，右键单击【Solid(1)】，修改实体属性，选择材料时创建各向同性材料。将材料名称改为【7075-T6】，按照 10.2 中的材料参数，输入密度、杨氏模量和泊松比。展开【应力-应变相关属性】，在【应力-应变(H)】参数框中输入硬化模量的值【7580MPa】，【硬化规则(HR)】下拉列表框中选择【运动学】（英文是 Kinematic 表示随动硬化），【初始屈服点】参数框输入【538MPa】，完成材料参数如图 10-11 所示。

图 10-11 定义材料参数操作

2. 创建线性静态分析解算方案

1）右击【M1001_球壳_fem1.fem】节点，选择【显示仿真】节点，进入 SIM 界面。

2）隐藏网格，只显示 2° 球壳的几何体，在球壳外缘面上创建【固定约束】。

3）在中心轴线所在的边界线上创建【用户定义约束】固定 DOF1 和 DOF2，如图 10-12 所示。

4）在模型的两个侧面上创建【对称约束】，如图 10-13 所示。这样会出现约束冲突，右键单击【Solid_SOL101】节点，选择【解决冲突】节点，应用 Fixed(1) 或 UserDefined(1)解决约束冲突。

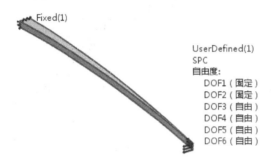

图 10-12　固定约束和用户定义约束　　　　图 10-13　对称约束两个侧面

提示

● 因为在施加【对称约束】时模型有两条边同时也被【固定约束】和【自定义约束】约束住了，这两条边被重复约束了，所以会出现约束冲突。

● 这里还可以在施加约束时将共同的约束直接排除，可以达到相同的效果。

5）创建【压力】载荷，在模型的上表面施加 2MPa 的压强，如图 10-14 所示。

3. 线性求解结果分析

求解计算完成后进入后处理查看应力结果，如图 10-15 所示为模型的应力云图，可以看出其最大应力值为【486.55MPa】，没有超过材料的屈服强度【538MPa】。根据 10.3 中的分析和预测，该结构可能发生屈曲。如果屈曲临界载荷大于【2MPa】，可以认为结构的强度足够，反之，则强度不足。下面进行线性屈曲分析。

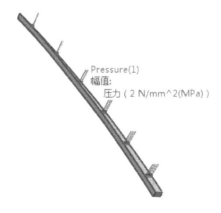

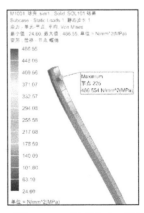

图 10-14　上表面压力 2MPa　　　　图 10-15　模型应力云图

4. 创建线性屈曲分析解算方案

1）新建解算方案，名称改为【Solid_SOL105】，【解算方案类型】下拉列表框中选择【SOL 105 线性屈曲】选项，单击【确定】按钮。

2）浏览【仿真导航器】中的结构树，该解算方案包含两个子工况：【Subcase-Buckling Loads】和【Subcase-Buckling Method】。其中，第一个工况用于设定载荷，第二工况用于提取特征值。将解算方案【Solid_SOL101】中的所有约束和载荷，分别拖放到【Solid_SOL105】的【约束】下和【Subcase-Buckling Loads】的【载荷】下，得到如图 10-16 所示的结构树。

3）右键单击【Subcase-Buckling Method】选择【编辑】节点，单击【Lanczos 数据】选项后面的 按钮，在【所需模态数】参数框中输入【1】，即本方案只需要提取一阶特征值，如图 10-17 所示。

图 10-16 SOL105 的约束和载荷

图 10-17 Buckling Method 特征值提取

5. 线性屈曲分析结果查看

线性屈曲分析解算方案求解计算完成后，在后处理导航器中查看相关的结果，如图 10-18 所示。其中，【Subcase - Buckling Loads】的结果与前面【Solid_SOL101】线性静态分析的结果相同，【Subcase - Buckling Method】中可以查看特征值。

一阶特征值为 0.775，则换算得到本工况的屈曲临界载荷为：0.775×2MPa=1.55MPa。

【Subcase - Buckling Method】中的模态位移云图如图 10-19 所示。这里的位移数值的大小并不代表实际变形，只反映了结构在这种屈曲模式下的相对变形情况。

图 10-18 查看特征值

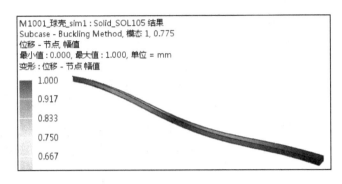

图 10-19　屈曲模态位移

6. 创建非线性屈曲分析解算方案

1）新建解算方案，名称改为【Solid_SOL106】，【解算方案类型】下拉列表框中选择【SOL 106 非线性静态 - 全局约束】选项，单击【确定】按钮。

2）将解算方案【Solid_SOL101】中的所有约束和载荷，全部拖放到【Solid_SOL106】节点的下面。

提示

非线性分析需要设置载荷增量步，模拟后屈曲行为一般采用弧长法，下面对相关求解参数进行设置。

3）右键单击【Solid_SOL106】解算方案，选择【编辑】节点。在【工况控制】栏中，编辑【非线性参数（Nonlinear Parameters1）】的【常规】子项【增量数】，在其参数框中输入【50】，【每次增加载荷时的最大迭代次数】参数框中输入【50】，【中间输出标志】下拉列表框中选择【全部】选项，如图 10-20 所示。在【弧长法参数（Arc-Length Methods Parameters1）】中【属性】子项【最大增量】参数框中输入【100】，如图 10-21 所示。

图 10-20　设置【非线性参数】相关参数

图 10-21　设置【弧长法参数】相关参数

4）考虑该方案存在几何非线性行为，在解算方案的【参数】栏中，勾选和激活【大位移】复选框，如图 10-22 所示。

图 10-22　在【解算方案】中打开【大位移】复选框

5）求解再查看结果，后处理导航器中显示了每个非线性增量步和对应的载荷因子，如图 10-23 所示。随着非线性步增加，载荷因子先增大再减小，然后再增大，变化趋势与 10.1 中图 10-4 所示的曲线类似。载荷因子和位移之间的关系曲线，将在下一节的结果分析中介绍。不难发现，载荷因子的第一个极大值出现在【非线性步 38】，对应的载荷因子为【0.669243】。

屈曲临界载荷为：0.669×2MPa=1.34MPa，比 SOL05 线性屈曲分析得到的临界载荷更小。

- ＋ 非线性步 32, 0.619325
- ＋ 非线性步 33, 0.62
- ＋ 非线性步 34, 0.64
- ＋ 非线性步 35, 0.653476
- ＋ 非线性步 36, 0.66
- ＋ 非线性步 37, 0.667711
- ＋ 非线性步 38, 0.669243
- ＋ 非线性步 39, 0.657801
- ＋ 非线性步 40, 0.655652
- ＋ 非线性步 41, 0.653073

图 10-23　非线性增量步结果

10.4.2　创建轴对称单元解算方案

1. 采用轴对称单元划分网格

保存当前所有文件。下面将采用轴对称单元进行分析，需要重新建立 fem 和 sim 文件。

1）将【M1001_球壳_fem1.fem】设为显示部件，选择菜单栏【文件】→【保存】→【另存为】命令，保存到【M1001_球壳_fem1.fem】所在的文件夹，文件名改为【M1001_球壳_fem2.fem】，单击【确定】按钮。

2）自动弹出保存 sim 文件的对话框，选择和前面相同的文件夹，文件名改为【M1001_球壳_fem2_sim2.sim】，单击【确定】按钮。

3）当前工作文件为【M1001_球壳_fem2】，在【仿真导航器】的结构树中，删除所有网格收集器。右键单击【M1001_球壳_fem2】节点，选择【编辑】节点，【分析类型】下拉列表框中选择【轴对称结构】选项，在【2D 体选项】下拉列表框中选择【ZX 平面，Z 轴】选项，如图 10-24 所示。这里定义了轴对称结构分析的求解器环境，并指定 ZX 平面为轴对称单元所在的平面，Z 轴为中心对称轴。

4）在图形区按住鼠标滚轮（中键）旋转模型，让 Z 轴正方向朝上、X 轴正方向朝右，然后按键盘上的〈F8〉键，正视于 ZX 平面。对当前所见的面划分【2D 映射网格】，选取【类型】下拉列表框内【CQUADX4】选项，在【单元大小】参数框输入【2mm】，如图 10-25 所示，单击【确定】按钮。

5）双击网格厚度边上的菱形图标，在【单元数】参数框中输入【3】，然后更新网格。更新后，在厚度方向上有三层网格。在【仿真导航器】的结构树中，编辑网格收集器的实体属性，将材料设为【7075-T6】。

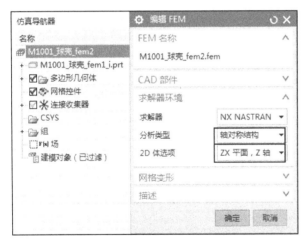

图 10-24　设置轴对称结构分析的求解器环境

图 10-25　轴对称单元网格划分

提示

划分【2D 映射网格】时要讲【将网格导出至求解器】勾选上，否则在 sim 环境中无法显示网格。

2. 轴对称单元 SOL101 线性静态分析

1）将【M1001_球壳_fem2_sim2.sim】设为显示部件，进入 SIM 界面。

2）在【仿真导航器】中，把之前建立的三个解算方案全部删除，约束容器和载荷容器里面的边界条件也全部删除。新建解算方案，名称改为【Axisym_SOL101】，在【分析类型】下拉列表框中选择【轴对称结构】选项，如图 10-26 所示。

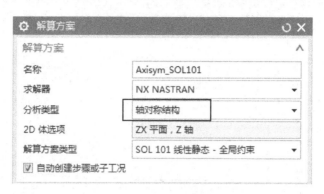

图 10-26　新建轴对称分析解算方案

3）对网格所在面的外侧厚度边设置固定约束，如图 10-27 所示。

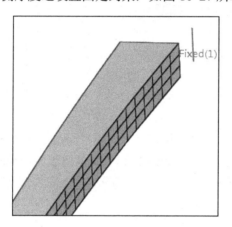

图 10-27　在边线上设置固定约束

4）施加压力载荷，如图 10-28 所示，选择上表面的边线，定义压力为【2MPa】。在输出请求中，打开应变，勾选和激活【启用 STRAIN 请求】复选框，如图 10-29 所示。

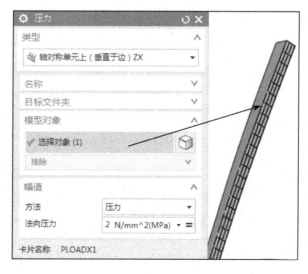

图 10-28　施加压力

图 10-29　输出请求中打开应变

5）求解计算，完成后在【分析作业监视器】对话框中单击【检查分析质量】按钮，如图 10-30 所示。

6）弹出的信息窗口中显示了分析可信度的报告，如图 10-31 所示。在后处理中查看分析结果，位移和应力与前面的【Solid_SOL101】计算方案的结果相符。但是，这里的可信度报告显示，应变能误差为 9.2%，大于一般要求的 5%，网格需要进一步细化。因此，需要减小网格尺寸，重新进行求解。

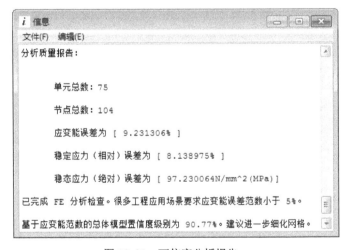

图 10-30　分析作业监视器　　　　　　　　　图 10-31　可信度分析报告

7）返回到 FEM 环境中，在【仿真导航器】中展开【2D 收集器】，双击【2d_mapped_mesh(1)】节点，在【单元大小】参数框中输入【1mm】，单击【确定】按钮。进入 SIM 界面，重新求解，再检查分析质量。这次的应变能误差为 5.6%，比上一次小了很多，但是仍然大于 5%。继续细化模型，将【单元大小】改为 0.5mm.重新求解并检查分析质量，应变能误差减小到 3.6%，可信度为 96.4%，满足精度要求。限于篇幅，具体操作步骤不再赘述。

3. 轴对称单元 SOL601 非线性分析

1）新建解算方案，名称改为【Axisym_SOL601】，在【分析类型】下拉列表框中选择【轴对称结构】选项，在【解算方案类型】下拉列表框中选择【SOL 601,106 高级非线性静态】选项。

2）将【Axisym_SOL101】中的约束拖放到【Axisym_SOL601】下。载荷需要设置时间历程，新建【压力】，选择图 10-28 所示的边。压力的大小通过【新建场】中的【表】来进行设置，弹出【表格场】对话框，在【域】下拉列表框中选择【时间】选项，在【数据点】参数框中分别输入【0,0】和【1,2】，单击【确定】按钮。回到压力设置界面，如图 10-32 所示。单击 图标，在下拉菜单中选择【Plot(XY)】，在图形区单击一下，可以绘制压力-时间曲线，如图 10-33 所示，单击菜单栏左上角的【回到主页】 命令，返回到 SIM 操作界面。

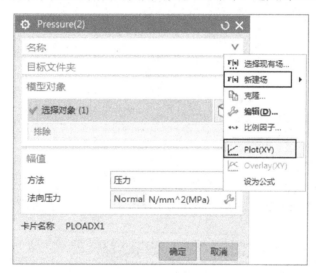

图 10-32 压力设置

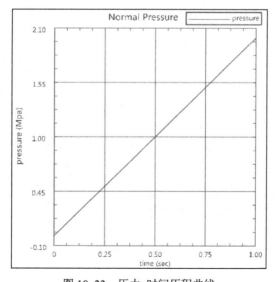

图 10-33 压力-时间历程曲线

3）右键单击【Axisym_SOL601】节点，选择【编辑】节点，在【工况控制】栏，单击【创建时间步间隔】▦按钮，弹出【建模对象管理器】对话框，单击【创建】按钮，弹出【Time Step1】对话框。在【时间步数】参数框中输入【50】，在【时间增量】参数框输入【0.02】，单击【确定】按钮，如图 10-34 所示，再单击【添加】↟将时间步添加进来，单击【关闭】按钮。编辑【策略参数】，【分析控制】中的【自动增量】下拉列表框选择【ATS】选项，【平衡】中的【每个时间步的最大迭代次数】参数框输入【50】，单击【确定】按钮。在【参数】栏，勾选【大应变】复选框，单击【确定】按钮。

图 10-34　时间步设置

4）求解计算，查看非线性历史记录如图 10-35 所示。时间步到达 0.67s 左右，由于迭代无法收敛，计算终止。

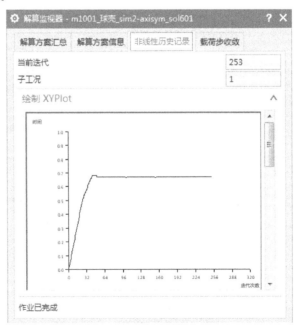

图 10-35　ATS 算法非线性历史记录

5）在后处理中查看结果，随着载荷步增加，载荷因子单调递增，最后一步为"非线性步 34，0.669"。载荷因子达到 0.669 时，达到了临界载荷，与【Solid_SOL106】中的屈曲临界载荷因子一致。但是，达到屈曲以后，ATS 算法无法继续计算后屈曲行为。如果要在 SOL601 中模拟后屈曲问题，需要采用 LDC 算法，将在本项目拓展中进行介绍。

10.5 项目结果

10.5.1 轴对称解算结果的对比

将 Solid_SOL101（非轴对称解算方案）和 Axisym_SOL101（轴对称解算方案）两种解算方案结果的最大位移值和最大应力值进行对比，见表 10-2，其中位移误差约 1%，Von Mises 应力误差约 4.4%，两者结果接近。

表 10-2 3D 实体单元与轴对称单元分析结果对比

解算方案名称	单元类型	单元数量	位移最大值/mm	Von Mises 最大值/MPa
Solid_SOL101	CHEXA(8)	3×25	0.950	486.55
Axisym_SOL101	CQUADX4	3×25	0.959	465.07

10.5.2 网格细化对解算结果的影响

对 Axisym_SOL101 解算方案进行了可信度分析，当应变能误差较大时，细化网格后重新求解，求解结果趋于精确和可信。

现将不同网格数量的模型得到的分析结果进行对比，见表 10-3。随着网格数量增加，位移和应力逐渐趋于一个稳定的值。位移和应力随网格数量变化的趋势，如图 10-36 所示。一般情况下，如果模型不存在奇异和不存在应力集中现象，当网格细化到一定程度，分析结果将会基本保持不变。这时，可以认为网格精度是足够的。

表 10-3 不同网格数量的分析结果

单元类型	单元数量	位移最大值/mm	Von Mises 最大值/MPa	应变能误差
CQUADX4	3×25	0.959	465.07	9.2%
CQUADX4	3×50	0.948	510.92	5.6%
CQUADX4	3×101	0.945	528.87	3.6%

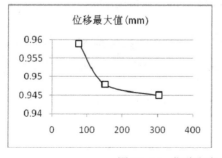
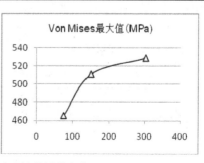

图 10-36 位移和应力随网格数量的变化

由此可见，NX 前后处理模块提供的【检查分析质量】功能非常有用，通过检查应变能误差，可以有效判断是否需要进一步细化网格，保证求解结果越来越接近真实情况。

虽然，网格细化可以保证良好的求解精度，但是，精度高并不代表结果就一定是准确的。比如，本章的薄壳受压问题，如果仅采用【SOL101 线性静态】分析，即使网格的精度足够，也不能得到正确的结果。因为，线性静态分析无法考虑屈曲，而该结构屈曲临界载荷比设定的载荷还小。

10.5.3 轴对称模型后处理的显示

在后处理中，可以显示轴对称单元旋转一周的 3D 模型，主要步骤如下。

1）打开【Axisym_SOL101】的结果，单击【编辑】 节点，在【显示于】下拉列表框中选择【3D 轴对称】选项，然后单击【应用】按钮，显示出球壳的 3D 模型。

2）单击【选项】按钮，可以修改 3D 模型的旋转角度，可以显示该角度下的结果云图。比如角度改为 180°，则会显示半个球壳模型的后处理结果云图。

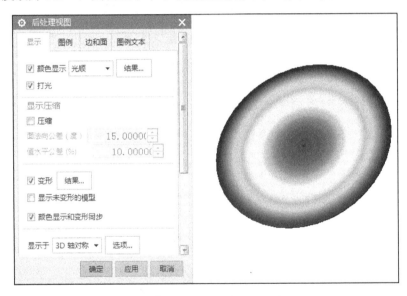

图 10-37　轴对称单元的 3D 显示

10.5.4 轴对称分析的有关结论

1）打开【Solid_SOL106】的结果，查看最后一个时间步的位移。单击【编辑】 节点，在【变形】对话框中【比例】参数框中输入【1】，选择【绝对】选项，勾选【显示未变形的模型】复选框，位移云图如图 10-38 所示。对比变形前后的模型，球壳的形状发生了明显变化。查看【应力-单元-节点】结果，单击【设置结果】 节点，在【节点组合】下拉列表框中选择【平均】选项，结果如图 10-39 所示。

本项目的结论：在 2MPa 压力载荷作用下，该薄壳结构会发生屈曲，最大位移10.38mm，最大应力 933.06MPa。

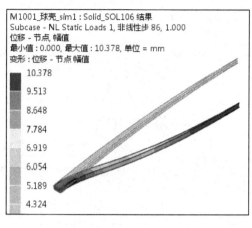

图 10-38 查看位移结果　　　　　　图 10-39 查看应力结果

2）在位移云图中，单击【创建图】△节点，在【类型】下拉列表框中选择【跨迭代】选项，在【X 轴】下的【显示】下拉列表框中选择【载荷因子】选项，在【Y 轴】下的【方法】下拉列表框中选择【从模型中拾取】选项，【选择实体】选择轴线上端的节点，如图 10-40 所示，单击【确定】按钮。单击图形区，绘制出位移-载荷因子的曲线。

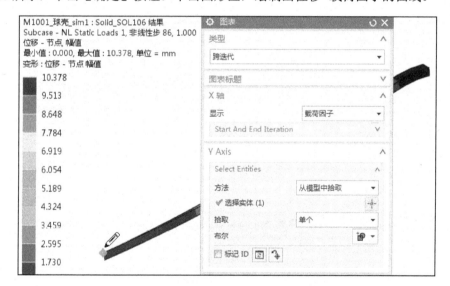

图 10-40　创建位移和载荷因子关系的曲线

提示

曲线中的载荷因子是从小到大排列的，没有按照分析结果中"非线性步"的顺序排列。为了更直观地表达屈曲过程中的刚度变化，需要对曲线做进一步处理。

3）在【后处理导航器】中，右键单击【Solid_SOL106】中【图形】下面的【位移-节点】中的【另存为 Afu】节点，如图 10-41 所示，文件命名为【Result】。将曲线保存到当前工作目录中的【Result.afu】文件，然后在 XY 函数导航器中，右键单击【Result】下的曲线，单击【导出】节点，如图 10-42 所示。弹出【导出文件】对话框，文件类型为 csv，【目标文件】单击 图标，输入文件名【载荷因子】，单击【确定】按钮。

图 10-41　保存 afu 文件　　　　　　　　图 10-42　导出曲线数据

在当前工作文件夹中，找到【载荷因子.csv】用 Excel 打开。A 列为载荷因子、B 列为位移。以位移为横坐标，载荷因子为纵坐标，绘制曲线如图 10-43 所示。从曲线可以看出屈曲临界载荷因子为 0.669，轴线上的节点位移为 0.695mm。

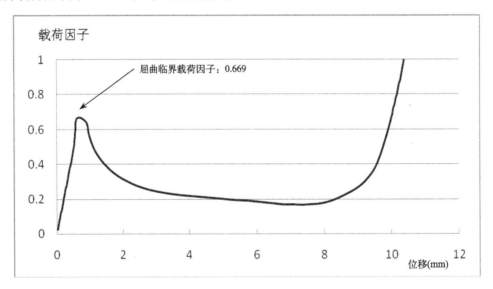

图 10-43　Solid_SOL106 载荷因子-位移曲线

4）打开【Axisym_SOL601】的结果，查看位移云图。单击【创建图】 节点，在【类型】下拉列表框中选择【跨迭代】选项，在【X 轴】下的【显示】下拉列表框中选择【载荷因子】选项，在【Y 轴】下【方法】下拉列表框中选择【从模型中拾取】，【选择实体】选择轴线上端的节点，绘制曲线如图 10-44 所示，显示了屈曲前位移随载荷因子变化的曲线。临界载荷因子也是 0.669，轴线上的节点位移为 0.634mm。

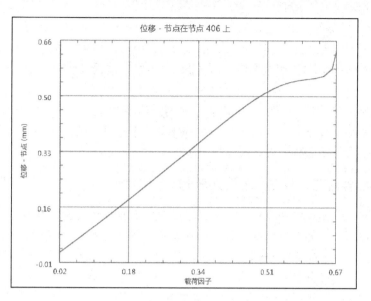

图 10-44　Axisym_SOL601【ATS】位移-载荷因子曲线

10.6　项目拓展

10.6.1 **LDC 算法进行屈曲分析的简介**

在【Axisym_SOL601】中，采用【ATS】算法，结构发生屈曲后，迭代无法收敛，不能继续计算。如果改成【LDC】算法，则可以对屈曲后的状态进行模拟。下面介绍【SOL601解算方案】中使用【LDC】算法求解非线性屈曲问题的方法。

【LDC（Load-Displacement Control）】采用弧长法进行非线性计算，常用于分析屈曲和后屈曲问题。其主要特点是：程序会自动调节外载荷的大小，载荷不需要设置时间历程。

启动【LDC】算法，需要根据用户指定的某个节点（LDCGRID）的某个自由度（LDCDOF）方向的初始位移（LDCDISP），来确定第一步的载荷矢量乘子。这个初始位移，一般用于设定屈曲的初始缺陷。如图 10-45 所示的结构，给中间的节点施加一个 Y 方向的初始位移【0_Δ】。【0_Δ】为正还是负，结构达到平衡位置所经历的路径将会完全不同，如图 10-46 所示，横坐标表示的是时间，纵坐标表示的是载荷。因此，采用【LDC】算法，必须指定初始缺陷。

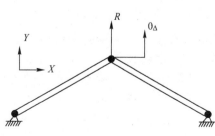

图 10-45　连杆机构

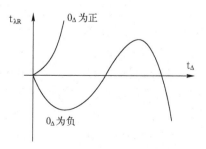

图 10-46　不同初始位移的平衡路径

打开【M1001_球壳_fem2_sim2.sim】，激活【Axisym_SOL601】解算方案。首先，取消载荷中的时间设置。双击结构树中的【Pressure(2)】节点，单击 按钮，在【设为公式】下的【fd("Normal Pressure")】参数框中输入【2】。即直接设置 2MPa 的压力，不需要设置时间历程。

如果要给模型轴线的上端节点设置初始缺陷，需要知道这个节点的编号。单击【节点/单元】 节点，在【类型】下拉列表框中选择【节点】选项，选择该节点，勾选所有选项，单击【确定】按钮，显示这个节点的编号为406。

10.6.2 LDC 算法进行屈曲分析的操作

1）右键单击【Axisym_SOL101】，在【工况控制】栏编辑【策略参数】。

2）【分析控制】中的【自动增量】下拉列表框选择【LDC】选项，【LDC Scheme】中设置【406 号节点 Z 方向-0.01mm】的初始位移，【允许最大位移】参数框中输入【20mm】，【到达临界点】下拉列表框中选择【解算方案连续】选项，如图 10-47 所示，单击【确定】按钮。【参数】栏中，仍然勾选和激活【大应变】复选框。

图 10-47 LDC 算法参数设置

3）求解计算，完成后查看结果。注意：采用【LDC】算法时，结果中非线性步后面的数字，并不是实际的载荷因子，而是软件对载荷步进行自动缩放后的一个参考量。真正的载荷因子，可以在【f06】文件查看。

4）用记事本打开【f06】文件，找到类似下面两行的内容：

LOAD VECTOR MULTIPLIER....= 1.056594E-02
CORRESPONDING DISPLACEMENT= -1.000000E-02

其中，【LOAD VECTOR MULTIPLIER】是实际载荷因子，【CORRESPONDING DISPLACEMENT】是设置了初始位移的节点在该载荷下的位移。找到【f06】文件中所有这些载荷因子及其对应的位移，复制到 Excel 中，绘制载荷因子-位移的曲线，如图 10-48 所示。注意：Y 方向的位移是负数，取其绝对值。图 10-48a 是包含所有分析步的曲线，由于前面在 LDC 算法中设置了【允许最大位移】20mm，软件将会不断增加载荷直到位移超过

20mm 为止。图 10-48b 是位移 10mm 以内的曲线，即图 10-48a 中曲线前半段放大图。屈曲临界载荷因子也是 0.669，与前面的分析结果一致。

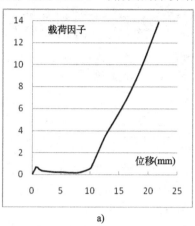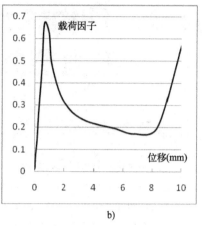

图 10-48　Axisym_SOL601【LDC】载荷因子-位移曲线

5）将【SOL106】和【SOL601】两种解算方案的位载荷因子-位移曲线，合并到一个图表中进行对比，如图 10-49 所示，可以看出两种方法的结果基本一致的。

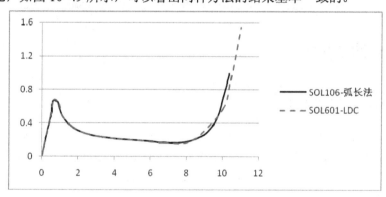

图 10-49　SOL106 和 SOL601 分析结果对比

10.7　项目总结

1）使用【拆分体】命令，从整个模型中截取一小块模型进行分析，简化了 FEM 模型，通过进一步细化网格，可以得到更为精确的求解结果。

2）对薄壳或者细长杆模型的性能分析，需要将线性静态分析和屈曲分析结合起来，线性静态分析的结果并不能说明材料的强度是否符合要求，经过屈曲分析可以进一步求解其屈曲临界载荷。

3）对模型进行非线性屈曲分析，结果显示非线性屈曲分析的临界载荷比线性屈曲分析的临界载荷还要小，更加接近于真实情况。

4）介绍了高级非线性静态分析中【ATS】和【LDC】两个算法的优缺点以及操作流程，为实际有限元分析选用这两个算法提供了参考。

第 11 章 结构静力学综合应用实例——万向节总成受力分析

本章内容简介

　　本项目主要介绍装配体静力学分析方法，以万向节装配模型为例，采用装配体 afm 网格进行建模，介绍圆柱约束、扭矩载荷和螺栓预紧力载荷等边界条件的使用方法。介绍六面体网格划分、对称复制网格和 3D 混合网格的操作方法。以常见的刚体位移（网格节点穿透）错误为例，介绍查找求解错误原因的方法和相应的解决措施。在项目拓展中主要将 1D 螺栓建模和 3D 螺栓建模两种方法的求解结果进行了比较。

11.1　基础知识

11.1.1　圆柱坐标系及其应用

　　NX 中在圆柱面上创建【圆柱约束】 或【销钉约束】 时，会自动创建一个圆柱坐标系作为模型节点的位移坐标系。圆柱坐标系下六个自由度的方向如图 11-1 所示。如图 11-2 所示，采用 A、B、C 三个点来确定圆柱坐标系。其中，A 为坐标系的原点，AB 确定 Z 轴，ABC 三点确定径向的初始平面。

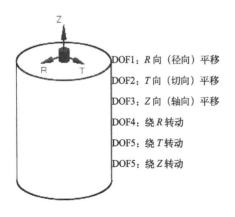

DOF1：R 向（径向）平移
DOF2：T 向（切向）平移
DOF3：Z 向（轴向）平移
DOF4：绕 R 转动
DOF5：绕 T 转动
DOF5：绕 Z 转动

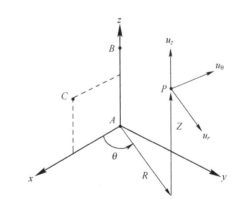

图 11-1　圆柱坐标系及其自由度　　　　图 11-2　定义圆柱坐标系（P 为空间的一个动点）

11.1.2 接触面节点穿透原因

轴孔配合的零件，分别划分网格后，节点可能会发生穿透。如图 11-3a 所示，几何模型的圆柱配合面刚好贴合。

对这两个模型划分网格，如果内外圆柱面上的节点数量不一致，会发生穿透，如图 11-3b 所示。如果内外圆柱面上的节点数量相同，节点对齐，则不会发生穿透，如图 11-3c 所示。但是，即使前处理网格划分没有穿透，在仿真求解过程中，如果内外零件发生相对转动，也会发生穿透，如图 11-3d 所示。这种情况，建议在配合面上细化网格，尽量减少节点相互穿透情况。

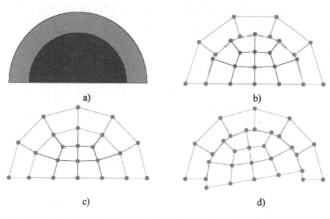

图 11-3　网格节点穿透

11.2　项目描述

如图 11-4 所示的关节总成装配体及其组成的零件，工况为：节叉 A 的左端固定，输入轴右端加载扭矩【30N·m】。

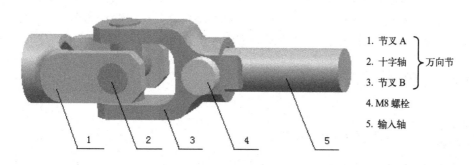

图 11-4　关节总成装配体

节叉 A 和节叉 B 的材料均为【Q235】（可以采用 NX 材料库中的 Steel-Rolled 代替）；十字轴材料为【40Cr】，杨氏模量为【211000MPa】，泊松比【0.28】，屈服强度【800MPa】；M8 螺栓和输入轴采用同一种材料【35 钢】，杨氏模量【212000MPa】，泊松比【0.29】，螺栓性能等级为【5.6】级。

要求设计的安全系数大于【1.5】，采用 NX 有限元来分析各个零件的强度是否符合要求。

11.3 项目分析

11.3.1 确定零件的许用应力

判断零件强度是否满足要求，需要确定其许用应力，许用应力=屈服强度/安全系数。螺栓性能等级 5.6 级，表示抗拉强度为【500MPa】，屈强比为【0.6】，可知屈服强度为 500×0.6=300MPa。各个零件的许用应力见表 11-1。

表 11-1 零件的许用应力

零件名称	材料	屈服强度/MPa	许用应力/MPa
节叉 A/B	Q235	235	157
十字轴	40Cr	800	533
螺栓、输入轴	35 钢	300	200

11.3.2 螺栓连接及其预紧力

采用【螺栓连接】命令 🔩 可以自动创建 1D 单元的螺栓连接，螺栓采用【CBAR】单元，两端分别用【RBE3】连接相关的节点。也可以采用 3D 实体单元对螺栓划分网格。1D 和 3D 单元的螺栓都可以施加螺栓预紧力载荷。

查找相关手册得知：5.6 级 M8 螺栓的标准拧紧力矩约 13N·m，预紧力约 8kN。

11.3.3 3D 混合网格的作用

3D 混合网格划分命令是 NX 11.0 的新增功能之一。它可以在实体外表面附近生成四面体单元，在实体内部生成六面单元，中间用金字塔单元（五面体）过渡，这样的网格可以兼顾四面体和六面体网格的优势，有效减少实体内部节点和单元的数量，提高了计算效率。

11.4 项目操作

11.4.1 创建装配体 FEM 模型

1. 划分十字轴网格

1）打开【M1101_关节总成 ZP.prt】模型，进入【前/后处理】环境。

2）在【仿真导航器】中，右键单击【M1101_关节总成 ZP.prt】节点，选择【新建装配 FEM】节点。【求解器】下拉列表框中选择【NX Nastran】选项，【分析类型】下拉列表框中选择【结构】选项，单击【确定】按钮，自动创建了扩展名为 afm 的装配体网格文件。展开

【仿真导航器】中的【M1101_关节总成 ZP.prt】结构树，显示出装配体中的三个零件。

3）在【仿真导航器】中，右键单击【M1102_万向节.prt】节点，选择【映射新的…】节点，如图 11-5 所示。如果这个零件之前已经划分了网格，可以选择【映射现有的…】，找到对应的 fem 文件加载进来。这里创建新的网格文件，默认的文件类型是【装配 FEM】（扩展名 afm），需要改为【NX Nastran】的【fem】类型，如图 11-6 所示，单击【确定】按钮。弹出的对话框中，勾选【创建理想化部件】复选框，单击【确定】按钮，保存所有文件。

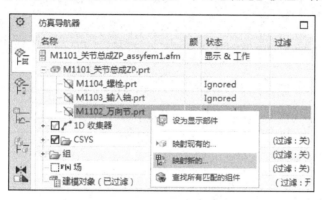

图 11-5 子零件映射新的网格

图 11-6 网格文件类型为 NX Nastran Fem

4）在【仿真导航器】中，将【M1102_万向节_fem1_i.prt】设为显示部件，如图 11-7 所示。首先，对十字轴划分网格，由于十字轴具有对称性，可以先划出一部分网格，然后通过对称变换得到整个零件的网格。

图 11-7　切换显示部件

5）单击【提升】 按钮，提升所有几何体，仅显示十字轴。采用【拆分体】命令，将其拆分为图 11-8 所示的状态（每个几何体设置了不同的颜色以示区别，具体参照素材文件）。拆分时，注意勾选【创建网格配对条件】。

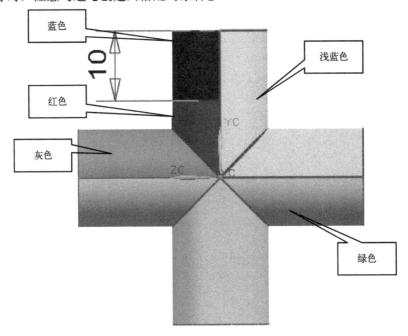

图 11-8　拆分十字轴

6）将【M1102_万向节_fem1.fem】设为显示部件，切换到 FEM 环境。对图 11-8 中蓝色和红色的部件划分网格，单击【2D 网格】 按钮，选择蓝色几何体上表面，【类型】下拉列表框中选择【CQUAD4】选项，【网格划分方法】下拉列表框中选择【细分】选项，【单元大小】参数框中输入【1mm】，【仅尝试四边形】下拉列表框中选择【开-零个三角形】选项，不勾选【将网格导出至求解器】复选框，如图 11-9 所示，单击【确定】按钮。

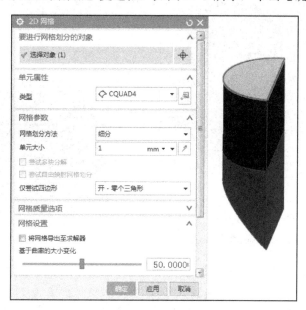

图 11-9　划分 2D 网格

7）单击【网格控件】 按钮，将半圆边上的单元数量设为【20】，如图 11-10 所示，单击【确定】按钮，然后更新网格。

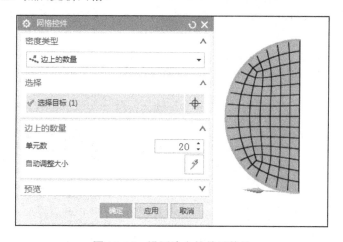

图 11-10　设置边上的单元数量

8）对蓝色几何体划分【3D 扫掠网格】 ，【单元类型】下拉列表框中选择【CHEXA(8)】选项，【单元大小】参数框中输入【2mm】，单击【确定】按钮，如图 11-11 所示。再次使用【3D 扫掠网格】 命令划分红色几何体的网格，【单元大小】参数框中输入【3mm】，【网格收集器】下拉列表框中选择【Solid(1)】选项，完成后的网格效果如图 11-12 所示。后面将对这部分已划分的网格进行多次对称变换，得到整个十字轴的网格。

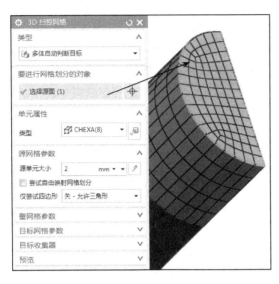

图 11-11　划分 3D 扫掠网格

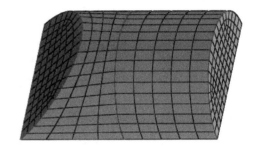

图 11-12　完成的网格

9）在功能菜单的【节点和单元】选项卡中，展开【单元】功能区的【更多】节点，单击【反射】按钮。【类型】下拉列表框中选择【仅体单元】选项，框选所有 3D 单元，指定平面为 45°斜面，如图 11-13 所示，单击【确定】按钮，完成第一次对称复制。

10）在仿真导航器的【3D 收集器】下，右键单击【Solid(1)】下的【全部检查】节点，选择【重复节点】节点，单击【合并节点】按钮，将对称面上所有的重复节点合并。继续使用【反射】按钮，对称复制网格，分别以 ZC 平面和 YC 平面为对称面进行反射。每反射一次，都要合并节点，保证网格的连续性。网格变换的操作过程，如图 11-14 所示。最后再检查是否存在重复节点，确保所有重复节点都已合并。

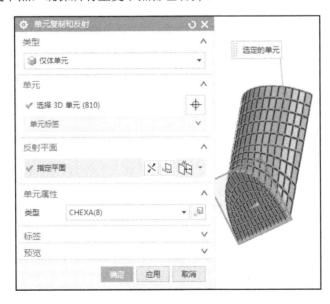

图 11-13　反射网格

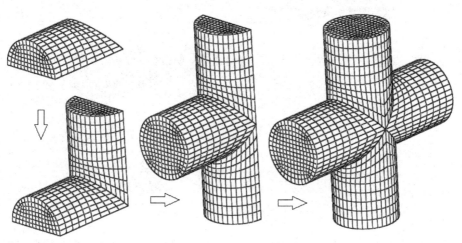

图 11-14　网格变换的操作过程

2. 划分万向节网格

1）将【M1102_万向节_fem1_i.prt】设为显示部件，切换到理想模型界面。隐藏十字轴，显示两个节叉。

2）单击【基准平面】按钮，创建 YC-ZC 平面上的基准面。

3）单击【分割面】按钮，选择节叉与十字轴配合的 4 个圆柱面，用刚刚创建的基准面分割这些圆柱面，如图 11-15 所示。

图 11-15　拆分圆柱面

4）将【M1102_万向节_fem1.fem】设为显示部件，切换到 FEM 环境，仅显示两个节叉的几何体。

5）单击【2D 映射】按钮，在刚刚分割的 8 个半圆面上划分映射网格。【单元大小】参数框中输入【1mm】，不勾选【将网格导出至求解器】复选框，单击【确定】按钮。双击圆周上的菱形图标（边密度），将边上的【单元数】改为【20】，如图 11-16 所示。保证圆周方向的单元数量和十字轴一致，节点对齐，避免穿透。

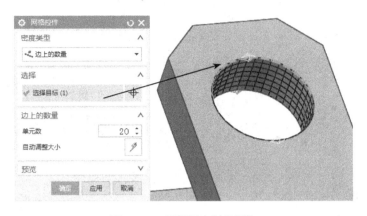

图 11-16　圆柱面上划分网格

6）在功能菜单的【主页】选项卡中，展开【网格】功能区的【更多】节点，单击【3D混合网格】 按钮。选择两个节叉的实体，【单元类型】下拉列表框中选择【CTETRA(4)】选项，【单元大小】参数框中输入【1.5mm】，【目标收集器】勾选【自动创建】复选框，如图 11-17 所示，单击【确定】按钮。最终划分的 3D 混合网格效果如图 11-18 所示。

图 11-17　3D 混合网格划分

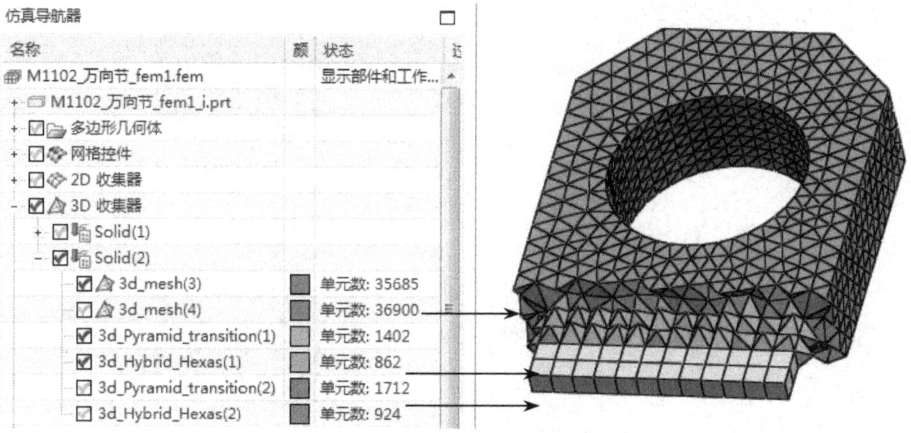

图 11-18 【3D 混合网格】的组成

7）在【仿真导航器】中，右键单击【Solid(1)】，选择【编辑】节点，自定义材料，名称改为【40Cr】，输入材料参数：杨氏模量【211000MPa】，泊松比【0.28】，单击【确定】按钮，右键单击【Solid(2)】，编辑实体属性，将材料设为 NX 材料库中的【Steel-Rolled】。该零件网格划分完成，保存文件。

3. 输入轴网格划分

1）将【M1101_关节总成 ZP_assyfem1.afm】设为显示部件。此时，该装配 FEM 中已经有了万向节的网格。在【仿真导航器】中，右键单击【M1103_输入轴.prt】节点，选择【映射新的…】节点。创建输入轴的 fem 网格文件，注意文件夹和前面的网格文件一致。

2）将【M1103_输入轴_fem1.fem】设为显示部件，切换到 FEM 环境。

3）单击【3D 混合网格】 按钮，【单元大小】参数框中输入【2mm】，单击【确定】按钮。在【仿真导航器】中，右键单击【Solid(1)】节点，选择【编辑】节点，自定义输入轴的材料，名称改为【Steel35】，输入材料的参数：杨氏模量为【212000MPa】，泊松比为【0.29】，单击【确定】按钮。

4. 螺栓网格划分

本项目的案例中，在不考虑螺纹的情况下，螺栓螺母可以简化合并为一个几何体；如果螺栓和螺母分开，可以分别划分网格，然后在两者配合的表面上进行【面对面胶合】处理。

1）将【M1101_关节总成 ZP_assyfem1.afm】设为显示部件。在【仿真导航器】中，右键单击【M1104_螺栓.prt】节点，选择【映射新的…】节点，勾选【创建理想化部件】复选框。

2）将【M1104_螺栓_fem1_i.prt】设为显示部件，提升几何体。采用【拆分体】 命令将螺栓拆分为图 11-19 所示的 6 个几何体，注意勾选【创建网格配对条件】复选框。

3）将【M1104_螺栓_fem1.fem】设为显示部件，划分【3D 扫掠网格】 ，【单元类型】下拉列表框中选择【CHEXA(8)】选项，【单元大小】参数框中输入【2mm】。螺栓网格的效果如图 11-20 所示。在【仿真导航器】中，右键单击【Solid(1)】下的【编辑】节点，将材料自定义为【Steel35】，单击【确定】按钮，然后保存文件。

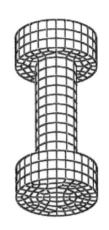

图 11-19　拆分螺栓　　　　　　　　图 11-20　螺栓网格

4）将【M1101_关节总成 ZP_assyfem1.afm】设为显示部件。在装配体 FEM 中，创建 1D 螺栓连接。由于 1D 螺栓连接不需要对螺栓划分网格，可以暂时忽略螺栓的网格。

5）在【仿真导航器】中，右键单击【M1104_螺栓.prt】节点，选择【忽略】节点，如图 11-21 所示。这样就从装配体中移除了上述创建的螺栓网格。

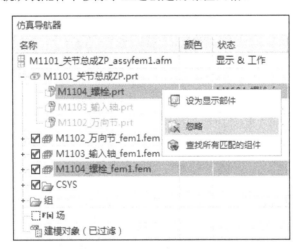

图 11-21　忽略螺栓网格

5. 创建 FEM 螺栓连接

1）隐藏所有网格，仅显示几何体。在功能菜单的【主页】选项卡中，展开【连接】功能区的【更多】节点，单击【螺栓连接】按钮。

2）弹出【螺栓连接】对话框，【类型】下拉列表框中选择【带螺母的螺栓】选项，【定义头依据】下拉列表框选择【孔边】选项，选择节叉 B 上螺栓头部这一侧孔边，【蛛网直径】下拉列表框中选择【孔百分比】选项，【孔百分比】参数框输入【200】（代表螺栓头直径大约是孔的两倍）。【定义螺母依据】下拉列表框选择【孔边】选项，选择节叉 B 上螺母部这一侧孔边，【蛛网直径】下拉列表框中选择【孔百分比】选项，【孔百分比】参数框输入【200】，如图 11-22 所示。

图 11-22 创建 1D 螺栓连接

3）生成的 1D 连接单元如图 11-23 所示，螺栓采用 BAR 梁单元，螺栓头和螺母处采用 RBE3 单元蛛网连接。螺栓的 BAR 单元，需要设置属性。右键单击【Bar Collector(1)】节点，选择【编辑】，单击【棒性能】后的【编辑】按钮，弹出【PBARL】对话框，单击【前截面】后的【显示截面管理器】按钮，单击【创建截面】按钮，【类型】下拉列表框选择【ROD】选项，【DIM1】参数框输入【4mm】（代表螺栓半径 4mm），单击【确定】按钮，返回到物理属性表截面，材料选择【Steel35】（引用输入轴的 35 钢材料），如图 11-24 所示，单击【确定】按钮。

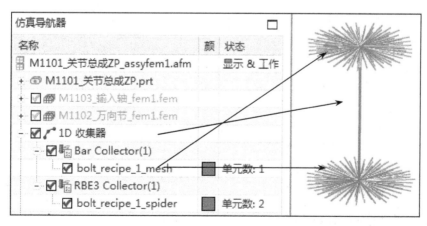

图 11-23 【1D 螺栓连接】

图 11-24　螺栓 BAR 单元属性

6. 更新装配体 FEM 中的 ID 号

装配体 FEM 中，各个零部件是相互独立地划分网格，每个零件有一个 fem 网格文件。当把它们装配到一起的时候，节点、单元、属性等元素的 ID 号可能会发生冲突。因此，需要对它们重新进行编号。

右键单击【M1101_关节总成 ZP_assyfem1.afm】节点，选择【装配标签管理器】，弹出【装配标签管理器】对话框，单击【自动解析】 📝，状态全部变成 ✔，如图 11-25 所示，单击【确定】按钮。

图 11-25　【装配标签管理器】对话框

11.4.2　创建装配体 SIM 模型

1）右键单击【M1101_关节总成 ZP_assyfem1.afm】节点，选择【新建仿真】节点，文件名为【M1101_关节总成 ZP_assyfem1_sim1.sim】。

2）弹出【解算方案】对话框，名称改为【SOL101_Bolt1D】，【解算方案类型】下拉列表框中选择【SOL 101 线性静态 - 全局约束】选项。

3）隐藏所有网格，仅显示几何体。在节叉 A 的大圆孔内表面创建【圆柱形约束】，径向增长设为【固定】，其他【自由】，如图 11-26 所示。这个圆柱约束限制了内孔的径向移动。然后在端面创建【固定平移约束】，如图 11-27 所示，限制端面的任何移动。两个约束存在冲突，右键单击【SOL101_Bolt1D】节点，选择【解决冲突】节点，应用【NoTrans(1)】解决冲突。

图 11-26　圆柱约束

图 11-27　固定平移约束

4）正如 11.1 中提到的那样，圆柱约束自动创建了一个圆柱坐标系。右键单击【约束】下的【Cylindrical(1)】，选择【求解器语法预览】，弹出代码信息窗口，如图 11-28 所示。C1字段全部为 1，表示约束了 DOF1，即限制了圆柱坐标系下的径向移动。

```
$*   Units: mm (milli-newton) (deg Celsius)
$*   Load and Constraint: Cylindrical(1)
$PC        SID       G1       C1        D1
SPC          8     28754        1    0.0000
SPC          8     28755        1    0.0000
SPC          8     28756        1    0.0000
SPC          8     28757        1    0.0000
SPC          8     28758        1    0.0000
SPC          8     28759        1    0.0000
SPC          8     28760        1    0.0000
SPC          8     28761        1    0.0000
SPC          8     28762        1    0.0000
```

图 11-28　圆柱约束的求解器语法预览

5）添加【扭矩】 载荷，选择输入轴末端的圆柱面，【扭矩】参数框中输入【30N·m】，如图11-29所示。

6）显示1D连接单元，添加【螺栓预紧力】 载荷，【类型】下拉列表框中选择【1D单元上的力】选项，选择螺栓的BAR单元，【力】参数框中输入【8000N】，如图11-30所示，单击【确定】按钮。

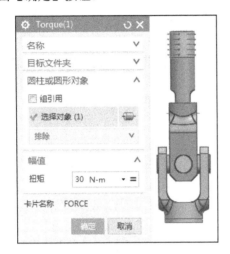

图11-29　施加扭矩

图11-30　施加螺栓预紧力

7）创建接触之前，可以先创建接触区域。前面划分十字轴的网格，是通过网格对称复制得到的。复制的网格没有和几何体相关联，所以不能直接在十字轴的几何面上创建接触区域，而应该通过网格面来创建。节叉的接触区域可以直接选择几何面。

① 单独显示十字轴的网格，单击【区域】 按钮，名称改为【FACE_10Z】，将过滤选择栏设置为【单元面】，选择方法改为【特征角度单元面】，如图11-31所示，单击【确定】按钮。

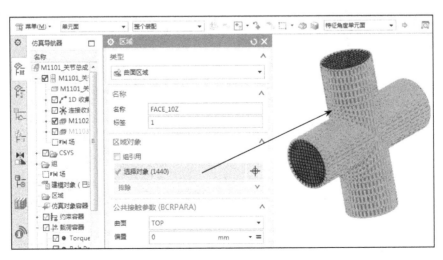

图11-31　十字轴的接触区域

② 单独显示两个节叉的几何体，单击【区域】 按钮，名称改为【FACE_A】，将选择

方法改为【无方法】，过滤选择栏设置为【多边形面】，选择节叉 A 与十字轴配合的面（4 个半圆面），单击【应用】按钮。名称再改为【FACE_B】，选择节叉 B 与十字轴配合的面（4 个半圆面），单击【确定】按钮。

8）创建【面对面接触】 ，【类型】下拉列表框中选择【手动】选项，【源区域】下拉列表框中选择【FACE_A】选项，【目标区域】下拉列表框中选择【FACE_10Z】选项，【静摩擦系数】参数框中输入【0.1】，单击【应用】按钮。继续创建接触，【源区域】下拉列表框中选择【FACE_B】选项，【目标区域】下拉列表框中选择【FACE_10Z】选项，【静摩擦系数】参数框中输入【0.1】，单击【确定】按钮。

9）右键单击【SOL101_Bolt1D】节点，选择【编辑】节点，在【输出请求】中打开【接触结果】，保存文件并提交求解。

11.4.3 求解出错分析及修改方法

查看结果时，出现【No result are found】提示信息。这说明求解过程中出现了错误，没有得到结果。

1）打开【f06】文件查看错误原因，搜索【FATAL】，发现错误信息如图 11-32 所示。节点 3408（网格差异可能会不一样）的 T1、T2、T3 对应的绝对值非常大，这说明该节点在 X、Y、Z 三个方向发生了很大的移动，即模型中存在刚体位移。

2）返回到 NX 前/后处理的 FEM 操作界面，单击【节点/单元】 查找节点，【类型】下拉列表框中选择【节点】选项，展开【节点标签】，输入【3408】，单击【确定】按钮。模型中会标识出这个节点的 ID 号，如果看不清楚，可以将模型改为线框显示，发现该节点位于输入轴上，说明输入轴存在刚体位移。

```
        GRID POINT ID      DEGREE OF FREEDOM    MATRIX/FACTOR DIAGONAL RATIO       MATRIX DIAGONAL

            1753                   T2                -3.94487E+08                    6.74803E+08
            1753                   T3                -3.84447E+12                    6.74803E+08
            3408                   T1                 1.39070E+14                    8.25480E+08
            3408                   T2                -1.60922E+13                    5.66688E+08
            3408                   T3                -7.23800E+13                    6.27941E+08
^^^ USER  FATAL    MESSAGE 9137 (PHASE1D)
^^^ RUN TERMINATED DUE TO EXCESSIVE PIVOT RATIOS IN MATRIX KLL.
^^^ USER ACTION:  CONSTRAIN MECHANISMS WITH SPCI    ENTRIES OR SPECIFY PARAM,BAILOUT,-1 TO
^^^               CONTINUE THE RUN WITH MECHANISMS.
```

图 11-32 【f06】文件中的错误信息

由于输入轴与节叉 B 之间没有建立接触，在扭矩作用下，输入轴会产生刚体位移。现在增加输入轴与节叉之间的接触。

3）单击【区域】 按钮，名称改为【FACE_SHAFT】，选择输入轴上所有与节叉 B 接触的面，如图 11-33 所示，单击【应用】按钮。再将名称改为【FACE_C】，选择节叉 B 上与输入轴接触的两个侧面，如图 11-34 所示，单击【确定】按钮。

4）创建【FACE_C】和【FACE_SHAFT】之间的接触，【静摩擦系数】参数框中输入【0.1】，单击【确定】按钮，重新提交求解，完成后可查看结果。

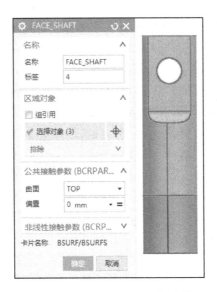

图 11-33 【FACE_SHAFT】区域

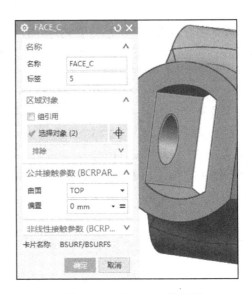

图 11-34 【FACE_C】区域

11.5 项目结果

图 11-35 所示为装配体分析结果的位移云图，也可以分别显示装配体中每一个零件的【应力-单元-节点】分析云图，图 11-36 所示为输入轴的应力结果云图，图 11-37 所示为 1D 螺栓的应力结果云图，图 11-38 所示为十字轴的应力结果云图，图 11-39 所示为节叉 A 和 B 的应力结果云图。

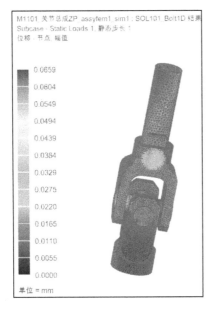

图 11-35 装配体位移分析结果云图

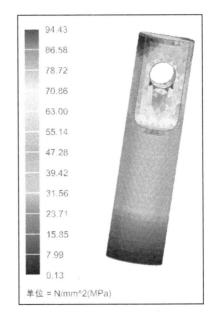

图 11-36 输入轴应力结果云图

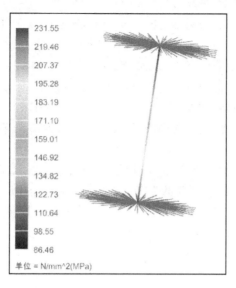

图 11-37　螺栓的 1D 应力结果云图

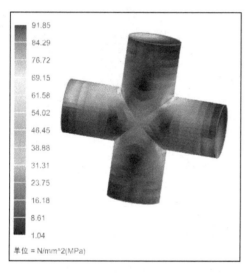

图 11-38　十字轴应力结果云图

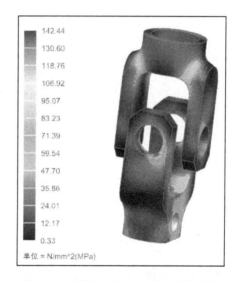

图 11-39　节叉 A 和 B 的应力结果云图

根据各个零件上显示的最大应力值，和表 11-1 所示零件的许用应力相比较，即可判断各自的设计安全系数大小以及是否符合规定的要求。

11.6　项目拓展

11.6.1　3D 螺栓建模分析

1）将【M1101_关节总成 ZP_assyfem1.afm】设为显示部件，展开【M1101_关节总成 ZP.prt】节点。右键单击【M1104_螺栓.prt】节点，选择【映射现有的…】节点，如图 11-40 所示。单击 📂 按钮，找到【M1104_螺栓_fem1.fem】，单击【确定】按钮。

2）右键单击【M1101_关节总成 ZP_assyfem1.afm】节点，选择【装配标签管理器】节点，单击【自动解析】 ，单击【确定】按钮。删除 1D 收集器下面的【Bar Collector(1)】和【RBE3 Collector(1)】，取消原来的 1D 螺栓连接。

3）将 【M1101_关节总成 ZP_assyfem1_sim1.sim】设为显示部件。克隆解算方案【SOL101_Bolt1D】，将新解算方案重命名为【SOL101_Bolt3D】。

4）创建【面对面接触】 ，【静摩擦系数】参数框中输入【0.5】，增加螺栓两端分别与节叉 B 的接触。

5）约束保持不变，载荷中的【1D 螺栓预紧力】需要改为【3D 螺栓预紧力】。右键单击【Bolt Pre-Load(1)】节点，选择【移除】节点。仅显示螺栓的网格，单击【螺栓预紧力】命令，【类型】下拉列表框中选择【3D 单元上的力】选项，【选择对象】框选螺杆中间某一横截面上的所有节点，如图 11-41 所示，【方向】为 Z 轴，【力】为 8000N，单击【确定】按钮，提交求解，分析完成后可查看结果。

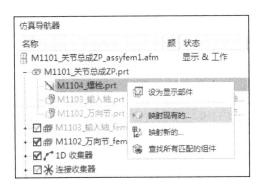

图 11-40　映射网格文件

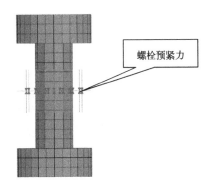

图 11-41　螺栓预紧力的创建

提示

螺栓预紧力的创建可以参考第九章中创建螺栓预紧力的方法。

11.6.2　1D 螺栓建模和 3D 螺栓建模结果比较

1）在【后处理导航器】中（见图 11-42），单击【并排视图】 节点，可以将工作窗口分成并排的两部分。

2）展开【SOL101_Bolt1D】和【SOL101_Bolt3D】下面的结果，将两个解算方案的位移结果分别绘制到左右窗口中。

3）双击【Post View】，可以将对应的窗口激活。单击【视图同步】 节点，依次单击左右窗口区域，然后单击 确定，可以同步旋转和缩放两个窗口。位移结果如图 11-43 所示（左边为 1D）。本章主要分析零件的强度，选用应力结果进行评价，位移结果不作为评价标准。

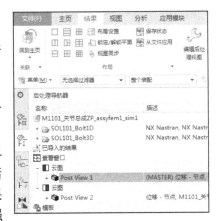

图 11-42　后处理分窗显示

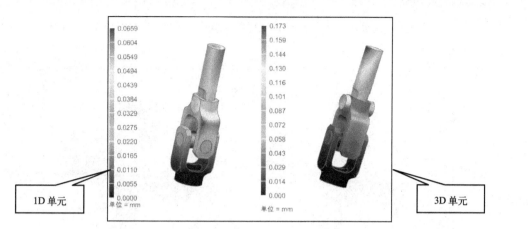

图 11-43　螺栓分别采用 1D 和 3D 单元的位移结果

4）展开【Post View】，勾选相应的网格可以单独显示某个零件的结果。如图 11-44 所示，属性 ID 相同的网格都是同一个的零件。

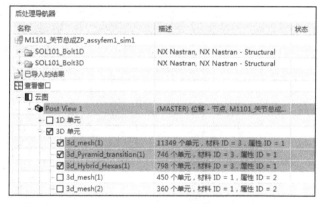

图 11-44　单独显示某个零件的结果

① 输入轴的【应力-单元-节点】结果（【节点组合】设为【平均值】），如图 11-45 所示（左边为 1D）。

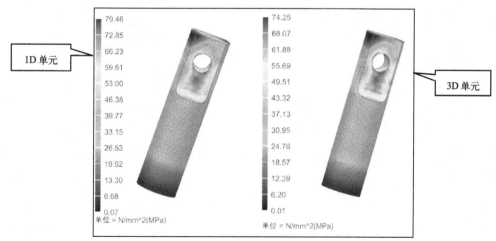

图 11-45　采用 1D 单元（左）和 3D 单元（右）分析结果输入轴的应力云图对比

② 十字轴的【应力-单元-节点】结果（【节点组合】设为【平均值】），如图 11-46 所示（左边为 1D）。

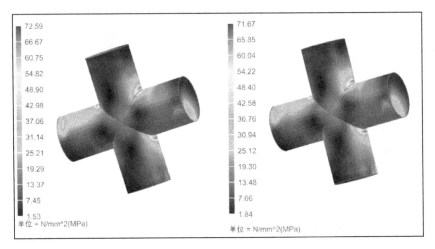

图 11-46　采用 1D 单元（左）和 3D 单元（右）分析结果十字轴的应力云图对比

③ 两个节叉的【应力-单元-节点】结果（【节点组合】设为【平均值】），如图 11-47 所示（左边为 1D）。

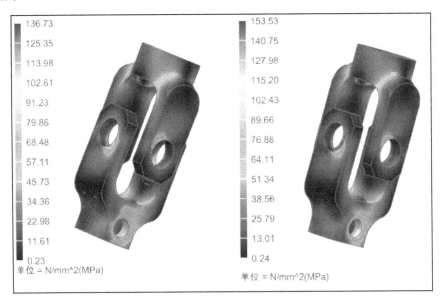

图 11-47　采用 1D 单元（左）和 3D 单元（右）分析结果节叉的应力云图对比

④ 螺栓的【应力-单元-节点】结果（【节点组合】设为【平均值】），如图 11-48 所示（左边为 1D）。

提示

1D 螺栓的应力是应力恢复点上的应力，有 C、D、E、F 四个应力恢复点，取最大的值。（应力恢复点可以参考第 7 章的相关内容。）

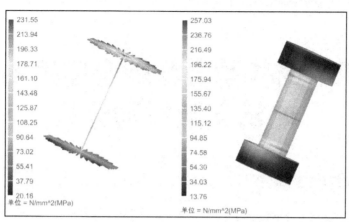

图 11-48 螺栓采用 1D 单元（左）和 3D 单元（右）分析结果的应力云图对比

最后，将这些零件的最大应力值进行统计和汇总，并根据许用应力对结果进行评价，见表 11-2，对比分析后的主要结论如下。

表 11-2 各个零件的应力结果

零件名称	材料	许用应力/MPa	1D 螺栓建模的应力/MPa	3D 螺栓建模的应力/MPa	强度判定结论
输入轴	35 钢	200	79.46	74.25	合格
十字轴	40Cr	533	72.59	71.67	合格
节叉 A 和 B	Q235	157	136.73	153.53	合格
螺栓	35 钢	200	231.55	257.03	不合格

1）输入轴、十字轴和节叉的最大应力值都小于材料的许用应力，强度合格。

2）螺栓的最大应力值超过了许用应力值 200MPa，判定为不合格。

3）为了满足强度要求，可以将螺栓更换为性能等级更高的螺栓。如选择 6.8 级的螺栓，抗拉强度 600MPa，屈服强度 480MPa，安全系数 1.5，则对应的许用应力为 320MPa。更换螺栓后，如果螺栓预紧力不变，则无须重新进行仿真分析，直接比较求解出的最大应力和许用应力即可。采用 6.8 级的螺栓，螺栓最大应力小于许用应力，强度合格。

11.7 项目总结

1）对装配体进行静力学分析，不仅要检查网格质量、检查边界条件是否正确，还需要保证模型中接触的零件网格不能存在刚体位移（否则会发生节点穿透），又不能产生过约束和重复节点情况。

2）多个零件组成的装配体模型，可以全部在一个 fem 文件中划分网格，也可以分别对每个零件划分 fem 网格，然后将它们装配在一起形成 afm 文件。建议采用 afm 装配体网格，这样修改一个零件不会影响其他零件，便于设计变更。注意：在装配体的 afm 中，要使用【装配标签管理器】重新编号，避免 ID 冲突。

3）在解算中遇到解算错误，或者没有结果显示，可用记事本打开 f06 求解的结果文件，通过查找关键词【FATAL】，即可快速查找错误信息，为分析和排除问题带来了便利。

第12章 结构动力学综合应用实例——电机支架振动分析

本章内容简介

　　本章主要介绍线性动力学有限元的应用方法。基础知识包括动力学方程、固有频率、阻尼、自由振动和受迫振动等知识点。以电机支架的振动响应分析为例，介绍了 NX 有限元中的模态分析（SOL103）、频率响应分析（SOL108 和 SOL111）和瞬态响应分析（SOL109 和 SOL112）的操作步骤。项目拓展介绍了 SOL103 中的响应分析，即在模态分析的基础上进行后续的动态响应分析。

12.1 基础知识

　　动态分析与静态分析相比，主要有以下两点区别。

　　1）动态载荷是时间的函数。在动态响应分析中，载荷是随时间变化的。动态载荷既可以在时域上定义（如瞬态响应分析），也可以在频域上定义（如频率响应分析）。

　　2）随时间变化的载荷会产生随时间变化的响应。动态响应结果的物理量，包括位移、速度、加速度、力和应力等，都是随时间变化的。

12.1.1 振动响应系统运动方程

1. 单自由度系统运动方程

　　如图 12-1 所示的单自由度（SDOF）系统，是一个最简单的动态系统。其中，$u(t)$代表随时间变化的位移，速度$\dot{u}(t)$和加速度$\ddot{u}(t)$是位移的导出量。

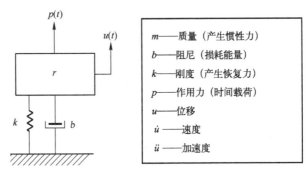

m	质量（产生惯性力）
b	阻尼（损耗能量）
k	刚度（产生恢复力）
p	作用力（时间载荷）
u	位移
$\dot{u}$	速度
$\ddot{u}$	加速度

图 12-1　单自由度 (SDOF) 系统

单自由度系统的运动方程为

$$m\ddot{u}(t) + b\dot{u}(t) + ku(t) = p(t) \tag{12-1}$$

这是一个二阶线性微分方程，方程的左边是系统的内力，方程的右边是系统受到的外力。

式中 $m\ddot{u}(t)$ ——惯性力，与质量和加速度成正比；

$b\dot{u}(t)$ ——粘滞阻尼力，是耗散常数和速度的函数。阻尼力将动能转换为其他形式的能量（通常是热能），从而衰减振动；

$ku(t)$ ——弹簧力（即恢复力），是刚度和位移的函数；

$p(t)$ ——系统受到的外界载荷，它是时间的函数，与结构本身无关。

2. 无阻尼自由振动

在式（12-1）中，如果方程的右边为零（没有外界载荷），并忽略阻尼，则方程简化为

$$m\ddot{u}(t) + ku(t) = 0 \tag{12-2}$$

这是单自由度系统无阻尼自由振动的微分方程，该方程的解为

$$u(t) = A_1 \cos\omega_n t + A_2 \sin\omega_n t \tag{12-3}$$

式中，ω_n 是结构的自然圆频率（或固有圆频率），单位是 rad/s（国际单位制）。

$$\omega_n = \sqrt{\frac{k}{m}} \tag{12-4}$$

自然频率（或固有频率）f_n 定义如下，单位是 Hz（国际单位制）。

$$f_n = \frac{\omega_n}{2\pi} \tag{12-5}$$

在式（12-3）中，A_1、A_2 是积分常数，这两个常数取决于系统的初始状态。已知系统的初始位移 $u(t=0)$ 和初始速度 $\dot{u}(t=0)$，可以求得 A_1、A_2。

将 $t=0$ 代入式（12-3），得到

$$A_1 = u(t=0) \tag{12-6}$$

对式（12-3）等号两边同时求一阶导数，并将 $t=0$ 代入，得到

$$A_2 = \frac{\dot{u}(t=0)}{\omega_n} \tag{12-7}$$

因此，单自由度系统无阻尼自由振动，任意时刻的位移可以表示为

$$u(t) = \frac{\dot{u}(0)}{\omega_n} \sin\omega_n + u(0)\cos\omega_n t \tag{12-8}$$

如果引入幅值 A 和相位 ϕ：

$$A = \sqrt{A_1^2 + A_2^2} = \sqrt{u(0)^2 + \left[\frac{\dot{u}(0)}{\omega_n}\right]^2} \tag{12-9}$$

$$\phi = \arctan\left(\frac{A_2}{A_1}\right) = \arctan\left[\frac{\dot{u}(0)}{u(0)\omega_n}\right] \tag{12-10}$$

则：$A_1 = A\cos\phi$，$A_2 = A\sin\phi$。

式（12-3）又可以写成

$$u(t) = A\cos\phi\cos\omega_n t + A\sin\phi\sin\omega_n t \qquad (12\text{-}11)$$

即

$$u(t) = A\cos(\omega_n t - \phi) \qquad (12\text{-}12)$$

它是初始位移和初始速度的函数，函数曲线如图 12-2 所示。

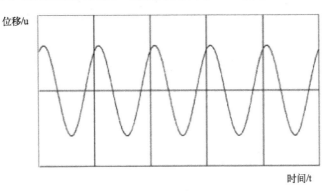

图 12-2　无阻尼自由振动

3. 粘滞阻尼自由振动

如果考虑阻尼，则需要求解有阻尼的自由振动问题。对于单自由度粘滞阻尼系统，自由振动的运动方程为

$$m\ddot{u}(t) + b\dot{u}(t) + ku(t) = 0 \qquad (12\text{-}13)$$

临界阻尼用 b_{cr} 表示，定义为

$$b_{cr} = 2\sqrt{km} = 2m\omega_n \qquad (12\text{-}14)$$

阻尼比 ζ，即 b 与 b_{cr} 的比值：

$$\zeta = b/b_{cr} \qquad (12\text{-}15)$$

根据阻尼比的大小，可以将阻尼分为以下三种情况。

1）$\zeta = 1$，临界阻尼情况。

2）$\zeta > 1$，过阻尼情况。

3）$0 < \zeta < 1$，欠阻尼情况。

图 12-3 显示了各种阻尼情况下的位移响应，其中 $\zeta = 0$ 即无阻尼自由振动的情况。

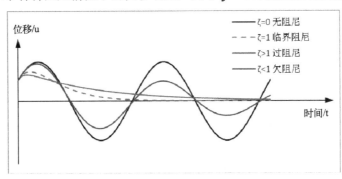

图 12-3　各种阻尼情况下的位移响应

工程应用中比较常见的是欠阻尼响应情况。阻尼自然圆频率为 ω_d，它与无阻尼的自然圆频率 ω_n 之间的关系如下

$$\omega_d = \omega_n \sqrt{1 - \zeta^2} \tag{12-16}$$

每个振动周期的振幅相对于上一个周期都会衰减，振幅的包络线遵循指数衰减规律，如图 12-4 所示。

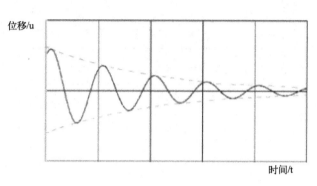

图 12-4　欠阻尼自由振动

4. 受迫振动

受迫振动分析，用于分析结构在外界激励作用下的动态响应。以简谐力的激励为例，运动方程如下

$$m\ddot{u}(t) + b\dot{u}(t) + ku(t) = p \sin \omega t \tag{12-17}$$

方程右边表示圆频率为 ω 的简谐力，与结构的固有圆频率 ω_n 无关。如果把这个简谐力的幅值 p 作为静态载荷施加给结构，则结构的静态位移 $\delta_{st} = p/k$。

无阻尼情况，结构动态位移响应的幅值 A 与 δ_{st} 的比值（即动态放大系数）：

$$\frac{A}{\delta_{st}} = \frac{1}{1 - (\omega/\omega_n)^2} \tag{12-18}$$

当激励频率接近于结构的固有频率时，ω/ω_n 趋近于 1，分母趋近于 0，这样会导致动态放大系数无穷大。这种情况在物理上表现为动态响应的振幅非常大，即共振现象。

考虑阻尼比 ζ，动态放大系数为

$$\frac{A}{\delta_{st}} = \frac{1}{\sqrt{1 - (\omega/\omega_n)^2]^2 + (2\zeta\omega/\omega_n)^2}} \tag{12-19}$$

固有频率、激励频率和相位角，三者之间的关系是描述动态响应特征的关键。

● 如果 ω/ω_n 接近 0，则动态放大系数接近 1。位移响应的幅值与静态位移接近，相位角与外界激励一致。

● 如果 ω/ω_n 远大于 1，则动态放大系数接近 0。位移响应非常小，结构几乎不响应外界激励。因为载荷变化得太快，结构来不及对其进行响应。位移响应的相位角，与外界激励相差 180°。即瞬时位移的方向与该时刻力的方向相反。

● 如果 $\omega/\omega_n = 1$，则发生共振，放大系数是 $1/(2\zeta)$，相位角与外界激励相差 270°。

图 12-5 显示了动态放大系数和相位角关于激励频率的变化规律。

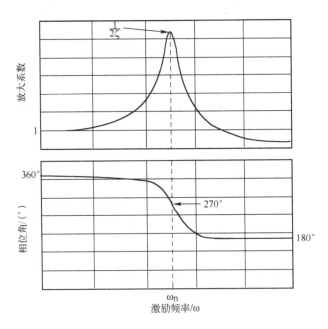

图 12-5　简谐力激励的动态响应

振动响应系统阻尼问题

1. 阻尼和阻尼力类型

对于线弹性材料，通常使用两种阻尼：粘滞阻尼和结构阻尼。粘滞阻尼力与速度成正比，结构阻尼力与位移成正比。

1）粘滞阻尼力 f_v 与速度成正比，即

$$f_v = b\dot{u} \tag{12-20}$$

式中，B 是粘滞阻尼系数；$\dot{u}$ 是速度。

2）结构阻尼力 f_s 与位移成正比，即

$$f_s = i \cdot G \cdot k \cdot u \tag{12-21}$$

式中，$i = \sqrt{-1}$（相位角相差 90 度）；G 是结构阻尼系数；k 是刚度；u 是位移。

以振幅恒定的正弦波位移响应为例，结构阻尼力的幅值是恒定的，粘滞阻尼力的幅值与激励频率（扰频）ω 成正比，如图 12-6 所示。

存在一个特定的频率 ω^*，使得该频率下粘滞阻尼力与结构阻尼力相等，即

$$b\omega^* = Gk \tag{12-22}$$

如果 ω^* 是某一阶固有圆频率 ω_n，则

$$b = \frac{Gk}{\omega_n} \tag{12-23}$$

根据式（12-14）临界阻尼的定义 $b_{cr} = 2m\omega_n$，可以得到

$$\frac{b}{b_{cr}} = \zeta = \frac{Gk}{2m\omega_n^2} = \frac{G}{2} \tag{12-24}$$

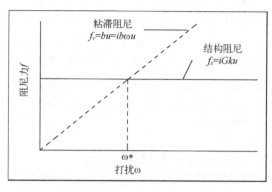

图 12-6　粘滞阻尼和结构阻尼

品质因子 Q（共振时的放大系数）为

$$Q = \frac{2}{2\zeta} = \frac{1}{G} \tag{12-25}$$

在 NX Nastran 中，某些分析类型只能使用特定的阻尼类型。例如，瞬态响应分析中，结构阻尼必须转换为等效的粘滞阻尼。式（12-24）就是两种阻尼之间等效转换的依据。

12.1.3　NX 动力学响应类型和应用场合

NX Nastran 中，支持以下基本的动态分析类型。

1）实特征值分析（无阻尼自由振动）。

2）线性频率响应分析（线性结构对随频率变化的载荷的稳态响应）。

3）线性瞬态响应分析（线性结构对随时间变化的载荷的响应）。

另外，NX Nastran 还支持很多高级动态分析类型，如冲击/响应谱分析、随机响应分析、设计灵敏度、设计优化、气动弹性和模态综合法等。

1. 实特征值分析

实特征值分析用于确定结构的基本动态特性。在前面讨论的单自由度系统中，只有一个自由度，固有频率也只有一个。实际应用中，变形体具有无穷多个自由度。采用有限元方法进行网格离散化后，结构具有一定数量的自由度。自由度的数量取决于节点的数量和每个节点自身的自由度数量。多自由度系统具有多个固有频率，在特定的固有频率下振动，结构的变形称为振动的正则模态。每一个固有频率都有一个特定的模态形状与之对应。通过实特征值分析，可以得到这些固有频率及其对应的模态形状。一般将固有频率从小到大排列，模态的阶次分别为 1、2、3、…、n。

正则模态具有正交性，确保所有的正则模态都互不相同。从物理角度看，模态的正交性表示每个模态形状都是唯一的，一个模态形状不能通过任何其他模态形状的线性组合来获得。

如果结构没有完全约束，结构会像刚体一样发生整体运动，即存在刚体位移。刚体位移所对应的模态，称为刚体模态，刚体模态的固有频率为零。在无约束的自由模态分析中，前 6 个模态的固有频率都是零，代表结构在 6 个自由方向可以移动或转动。另外，刚体模态也可以用来检查模型中是否存在约束不足或连接错误。如果结构整体存在刚体模态，说明约束不足；如果结构某一部分存在刚体模态，说明该部分没有与结构建立正确的连接。

NX Nastran 提供了多种提取实特征值的方法，包括 Lanczos 法、RDMODES 法、Householder 法和修正的 Householder 法等。对于特定模型而言，最佳的方法取决于 4 个因素：模型的规模（自由度数量）、所需特征值的数量、计算机的实际可用内存、质量矩阵的状态（是否存在无质量的自由度）。通常，Lanczos 法最可靠高效，建议使用。表 12-1 对不同的特征值提取方法进行了对比。

表 12-1　不同的特征值提取方法的对比

		特征值提取的方法		
		Householder	修正的 Householder	Lanczos	RDMODES
可靠性		高	高	高	高
相对运算量	少数模态	低	中	中	中
	多数模态	高	高	中	低
限制		不能分析奇异矩阵 对应不适合内存的问题成本高	对于多数模态成本高 对于不适合内存的问题成本高	对于无质量结构计算会出现问题	准确性不高 在发生小问题或请求极少模态是性能较低
最佳用途		适合内存的小型稠密矩阵用于动态缩减	适合内存的小型稠密矩阵用于动态缩减	大、中型模型	较大频率范围和（超）大型模型

NX Nastran 的解算方案类型【SOL 103 实特征值】用于求解正则模态，不需要设置载荷和阻尼（即使设置了，也会被忽略）。约束根据实际情况进行设置，如果无约束，就是自由模态分析。

模态分析结果中，某一固有频率下的位移和应力，只反映了该模态振形的相对值，并不代表实际状态。NX Nastran 自动对模态结果进行了归一化处理，有 4 种归一化法，即 MASS、MAX、AF 和 POINT。默认的是 MASS，即质量归一化。

2. 频率响应分析

频率响应分析用于确定结构对正弦激励的稳态响应，仅限于线性弹性结构。在频率响应分析中，载荷是通过频率、振幅和相位所确定的正弦波。正弦波激励在频域上定义，激励的类型可以是力或者强迫运动（位移、速度或加速度）。

NX Nastran 求解频率响应有以下两种方法：SOL 108 直接频率响应（直接法）和 SOL 111 模态频率响应（模态法），简单介绍如下。

1）直接频率响应方法：直接对耦合的运动方程进行求解，得到关于激励频率的响应结果。由于频率响应分析允许使用复数，所以不需要将结构阻尼转换成粘滞阻尼。可在同一分析中使用结构阻尼和粘滞阻尼。

2）模态频率响应方法：采用模态叠加法对无阻尼或只有模态阻尼的运动方程进行解耦。模态叠加法通常不需要包含所有的模态。对于固有频率远高于所关注频率的那些模态可以舍弃，只保留前几阶或几十阶模态，即模态截断。一般情况下，在模态频率响应分析中至少应该保留最高激励频率 2~3 倍的所有模态。尽管模态截断会造成一点误差，但计算量大大减少，可以提高效率。

通常，在模态频率响应中，模型越大求解效率也越高。另一方面，模态频率响应求解过程中的主要部分是对模态进行计算。对于具有大量模态的系统，模态法的计算量也很大，不会比直接法的效率高，对于高频率激励尤其如此。对于具有较少激励频率的小模型，直接法可能更高效，因为它直接对方程进行求解，而不需要先计算模态。直接法通常比模态法更准确，因为模态法存在模态截断。推荐按照表 12-2 的建议选择合适的频率响应分析方法。

表 12-2　频率响应分析中模态法和直接法的适用场合

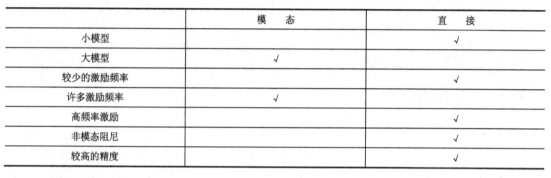

	模 态	直 接
小模型		√
大模型	√	
较少的激励频率		√
许多激励频率	√	
高频率激励		√
非模态阻尼		√
较高的精度		√

3. 瞬态响应分析

瞬态响应分析是求解载荷随时间变化的问题的最常用方法。瞬态响应分析中的载荷可以是任意的，但是必须在每个时刻明确定义。瞬态响应分析最常应用于线性弹性行为的结构，时间相关（瞬态）的载荷也可以包括位移或速度的非线性效应。

NX Nastran 求解瞬态响应也有两种方法：SOL 109 直接瞬态响应（直接法）和 SOL 112 模态瞬态响应（模态法）。

两种方法的区别与前面介绍的频率响应分析中的情况类似。直接法是直接对耦合的运动方程进行数值积分；模态法是先计算模态，然后基于模态叠加对运动方程进行解耦。

由于瞬态响应分析不允许使用复刚度，如果模型中采用了结构阻尼，必须将结构阻尼转换为粘滞阻尼。

在【SOL 109 直接瞬态响应】中进行转换时，需要设置求解参数 $W3$、$W4$ 来指定转换频率（图 12-6 中的 ω^*）。$W3$ 应用于总体结构阻尼 G，$W4$ 应用于单元结构阻尼 GE（材料、属性或单元中的定义的 GE 字段）。

在【SOL 112 模态瞬态响应】中进行转换时，有两种方法可供选择。第一种方法和直接瞬态响应中的情况一样，通过 $W3$、$W4$ 来指定转换频率。第二种方法是使用 WMODAL 参数。该方法既可以单独使用，也可以与第一种方法配合使用。当单独使用时，不需要指定转换频率，软件在转换中自动使用解算后的模态频率。因此，这种方法的适用范围更广。

通常情况下，使用模态法对于求解大规模的模型更高效。当模型未使用阻尼或仅包含模态阻尼时，使用模态法可以使运动方程解耦。即使求解时间较长的瞬态过程，也可以高效地进行计算。对于需要大量模态计算的大型系统而言，模态法的计算量与直接法相当，对于高频率激励尤其如此。对于仅需要较少时间步的模型，直接法可能更高效，因为它直接对方程进行求解，而不需要先计算模态。直接法通常比模态法更准确，因为模态法存在模态截断。推荐按照表 12-3 的建议选择合适的瞬态响应分析方法。

表 12-3　瞬态响应分析中模态法和直接法的适用场合

	模　态	直　接
小模型		√
大模型	√	
较少的时间步		√
较多的时间步	√	
高频率激励		√
正常阻尼		√
较高的精度		√

12.2　项目描述

　　如图 12-7 所示为某电机及支架的几何模型。电机简化为电机主体和电机端盖两部分，其中电机主体的等效实体材料为【Steel】，电机端盖的材料为【Aluminum_A356 铝合金】。支架为厚度 1mm 的钢板，材料为【Steel】。电机和支架之间采用螺栓连接，支架通过 4 个螺栓安装在某设备上，采用 NX 有限元对该结构进行以下方面的振动响应分析。

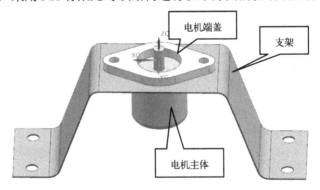

图 12-7　电机支架及其结构组成以及模型坐标系

　　1）求解该模型前 20 阶模态及固有频率。

　　2）设备运行时会产生 X 方向的振动并传递给支架，振幅为 1mm，频率 10～400Hz，求解支架的频率响应，并指出电机质心的最大振幅及对应的频率大小。

　　3）设备静止不动，电机运行时突然受到 $-Z$ 方向的轴向冲击。冲击力的大小随时间变化，如图 12-8 所示，求解该冲击力对支架造成的最大应力。

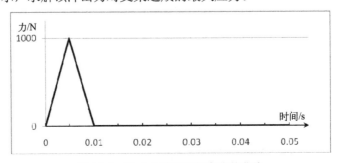

图 12-8　冲击力随时间的变化的曲线

12.3　项目分析

在这个案例中，电机的刚度比支架大得多，可以将电机视为刚体，不考虑其变形。

虽然电机的变形可以忽略，但是电机的质量和惯量却会对结构的动态响应产生影响。分析时，可以将电机简化为 0D 集中质量单元（CONM2）并赋予相应的质量和惯量属性。

支架采用 2D 壳单元，赋予材料和厚度。

提示

动态分析中的材料必须具有密度，NX 材料库中的材料已经设置了密度，如果用户新建材料，需要输入密度的值。

模态分析时，支架底部的 4 个螺栓孔采用固定约束，在解算方案中需要设置模态提取的阶次数量即可进行求解。频率响应和瞬态响应中，除了设置约束，还应该施加动态载荷，并设置阻尼相关参数。

阻尼的大小一般根据工程经验选取。如果使用阻尼比（ζ），可以参考 NAFEMS 国际协会（the National Agency for Finite Element Methods and Standards，有限元方法和标准国际机构）中推荐的取值范围进行选择，见表 12-4。本章案例的结构中，各个零件之间都采用螺栓连接，几乎不会发生相对滑动，阻尼比可设为 3%。

表 12-4　阻尼比取值范围参考表

结构形式及其适用场合	阻尼比及其范围
吸振材料（Vibration absorbing material）	≥10%
复合材料（Composite structure）	3%～10%
接触面生锈摩擦力加剧的结构和场合（Rusty structure, friction clamps throughout）	5%～10%
螺栓连接、铆钉连接较为洁净的场合（Clean metallic structure bolted, riveted joints throughout）	3%～6%
加工面较为洁净的结构（Clean integrally machined structure）	2%～4%

提示

①阻尼比是一个实际测试得到的值，受到结构和工况条件的影响；②如果仿真模型中出现了阻尼比超过 10%的结构，则超出了线性分析的适用范围，需要选用非线性的解算方案。

12.4　项目操作

12.4.1　确定模型的质量和惯量

1）打开【M1201_电机支架.prt】文件，进入【建模】环境。

2）在 NX 中，给实体赋予材料，即可测量实体的质量和惯量。如图 12-9 所示，选择【菜单】选项，选择【工具】选项后的【材料】选项，再选择【指派材料】选项，弹出【指

派材料】对话框，选择电机端盖，材料从 NX 材料库中选择【Aluminum_A356】，如图 12-10
所示，单击【应用】按钮，然后选择电机主体，材料指派为【Steel】，单击【确定】按钮完
成赋予材料。如果需要新建材料，可以在图 12-9 中选择【管理材料】选项进行创建。

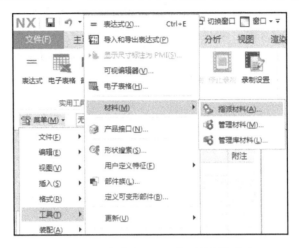

图 12-9 从菜单中选择【指派材料】命令

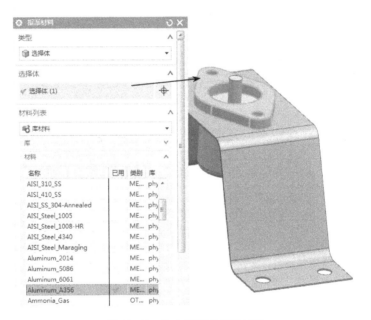

图 12-10 为电机端盖指派材料

3）在功能菜单的【分析】选项卡中，展开【测量】功能区的【更多】选项，单击【测
量体】选项。弹出【测量体】对话框，同时选中电机端盖和主体，然后勾选【显示信息
窗口】复选框，如图 12-11 所示。弹出的【信息】窗口中显示了电机的质心、质量和惯量等
属性，如图 12-12 所示，质量为 0.84kg，质心坐标（0,0，-30.81）。【惯性矩（质心）】和
【惯性积（质心）】是相对于质心的惯量，【惯性矩（WCS）】和【惯性积（WCS）】是相对于
坐标原点的惯量。

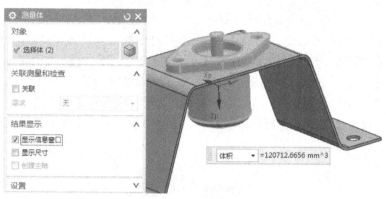

图 12-11 【测量体】对话框

图 12-12 电机的质量和惯量信息

12.4.2 创建 FEM 模型

1）进入【前/后处理】模块，右键单击【M1201_电机支架.prt】节点选择【新建 FEM 和仿真】。

2）在弹出的【新建 FEM 和仿真】对话框中，勾选【创建理想化部件】复选框，选取【求解器】下拉列表框内的【NX Nastran】选项，单击【确定】按钮；在弹出的【解算方案】对话框中，选择【解算方案类型】下拉列表框内的【SOL 103 实特征值】选项，单击【确定】按钮。

3）将【M1201_电机支架_fem1_i.prt】设为显示部件，进入理想模型环境。

4）选择【提升】命令对几何体提升。选择【按面对创建中面】命令，抽取支架中面。

5）将【M1201_电机支架_fem1.fem】设为显示部件，进入 FEM 环境。

6）选择【2D 网格】命令，弹出【2D 网格】对话框，选择支架中面，【单元属性】为【CQUAD4】，【网格划分方法】为【铺砌】，【单元大小】为【5mm】，取消勾选【尝试自动映射网格划分】复选框，选取【仅尝试四边形】下拉列表框内的【开-零个三角形】选项，选择【网格设置】，勾选【将网格导出至求解器】复选框，在【基于曲率的大小变化】参数框内输入【40】；勾选【自动创建】复选框，单击【确定】按钮。完成支架网格划分的效果如图 12-13 所示。

图 12-13　支架中面网格的效果

7）右键单击【ThinShell(1)】节点，选择【编辑】选项，将【材料】设为【Steel】，【厚度】设为【1mm】。

8）在电机的质心位置创建一个节点，并在该节点上建立集中质量单元。在功能菜单的【节点和单元】选项卡中，单击【节点创建】按钮，在弹出的【节点创建】对话框中，选取【CSYS 类型】下拉列表框内的【全局】选项，输入全局坐标系下电机质心的坐标：X=0，Y=0，Z=-30.81mm，单击【确定】按钮。

9）单击【单元创建】按钮，弹出【单元创建】对话框，【单元族】选取【0D】，【类型】选取【CONM2】，选择电机质心处的节点，单击【关闭】按钮，保存文件。

10）在【仿真导航器】窗口中，右键单击【0d_manual_mesh(1)】节点，选择【编辑网格相关数据】，在弹出的【网格相关数据】对话框中输入电机的质量和惯量属性，如图 12-14 所示。质量和惯性矩（Ixx，Iyy，Izz）按照前面测量的结果填写，惯性积（Iyx，Izx，Izy）都是 0，无须填写，坐标系默认为绝对坐标系（注意：这里的惯量是相对于质心的惯量）。

11）电机与支架顶部的两个螺栓孔连接，可以采用 RBE2 连接进行模拟。单击【1D 连接】命令，选取【类型】下拉列表框内的【节点到节点】选项，【源】节点为电机质心，【目标】节点为支架顶部螺栓孔边上的节点（注意使用过滤器选节点），【单元属性】下的【类型】下拉列表框内为【RBE2】，如图 12-15 所示，单击【确定】按钮。

12）在支架底部中心位置创建一个节点，并和底部 4 个螺栓孔建立 RBE2 连接，便于后续分析中在该节点处施加动态载荷。单击【节点创建】按钮，输入节点坐标：X=0，Y=0，Z=-100mm。创建 RBE2 连接与上一步类似，单击【1D 连接】命令，【源】节点为支架底部中心新建的节点，【目标】节点为支架底部四个螺栓孔边上的点，【单元属性】下拉列表框内为【RBE2】，单击【确定】按钮，最终的网格模型及其效果如图 12-16 所示。

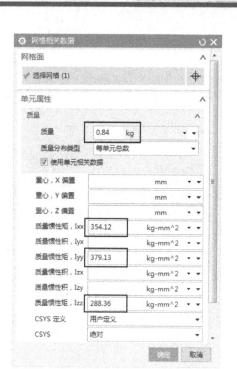

图 12-14　输入 CONM2 单元的属性

图 12-15　【1D 连接】对话框

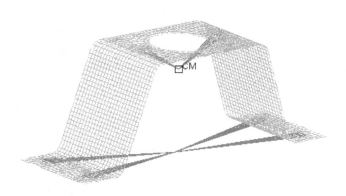

图 12-16　网格划分及连接

12.4.3　SOL103 实特征值分析

1）将【M1201_电机支架_sim1.sim】设为显示部件，进入 SIM 环境。

2）前面已经创建了【SOL 103 实特征值】解算类型的【Solution 1】，将其重命名为【SOL103_EIG】。

3）右键单击【SOL103_EIG】节点下的子工况【Subcase - Eigenvalue Method】节点，选择【编辑】选项。弹出【解算步骤】对话框，如图 12-17 所示，单击【Lanczos 数据】后面的【编辑】 按钮；在弹出的对话框中，将【所需模态数】改为【20】，如图 12-18 所示，单击【确定】按钮。

图 12-17 【解算步骤】对话框　　　　　　　图 12-18　Lanczos 求解参数

4）添加固定约束，单击【固定约束】按钮，选择底部 RBE2 连接的主节点，如图 12-19 所示。固定该主节点，相当于同时固定支架底部的 4 个螺栓孔。

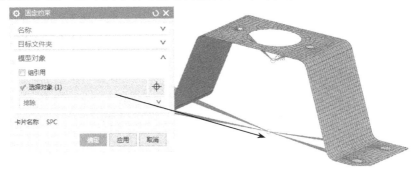

图 12-19　【固定约束】对话框

5）提交求解。求解完成后，在【后处理导航器】窗口中可以查看各阶模态的固有频率及其对应的振形。左侧的结果列表中，显示了各阶固有频率值，展开每一个模态结果，查看位移云图，可以查看该模态的振形。图 12-20 显示了前四阶模态的振形结果。

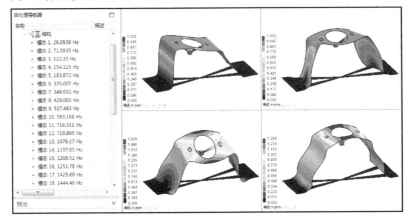

图 12-20　固有频率及对应的模态振形

12.4.4 SOL108 直接频率响应分析

1）返回到 SIM 环境，新建解算方案，类型为【SOL 108 直接频率响应】，名称改为【SOL108_DFR】。支架受到设备施加的 X 方向的振动，应该释放 X 方向的自由度，其他自由度固定，动态载荷为 X 方向的强制位移。

2）在底部 RBE2 连接的主节点上，添加【用户定义约束】，【DOF1】设为【自由】，其他全部为【固定】。

3）在【仿真导航器】窗口中，右键单击【载荷】节点，选择【新建载荷集】选项后的【频率激励载荷集】选项，如图 12-21 所示。在弹出的【频率激励载荷集】对话框中，选取【类型】下拉列表框内的【强制位移】选项，【定义】下拉列表框内为【表达式-幅值/相位】，在

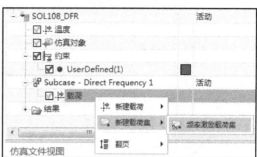

图 12-21 新建频率激励载荷集

【幅值】参数框内输入【1】，【相位】参数框内为【0】，如图 12-22 所示，单击【确定】按钮。

4）右键单击【载荷】节点下的【Frequency Excitation Load Set – Enforced Displacement(1)】节点，选择【新建】选项后的【静态载荷集】，单击【确定】按钮。

5）右键单击新增的【Static Load Set – Enforced Motion(1)】节点，选择【新建】后的【强制运动载荷】。弹出【强制运动载荷】对话框，选择底部 RBE2 连接的主节点，【DOF1】设为【1mm】，如图 12-23 所示，单击【确定】按钮。完成的约束和载荷，如图 12-24 所示。

图 12-22 【频率激励载荷集】对话框图

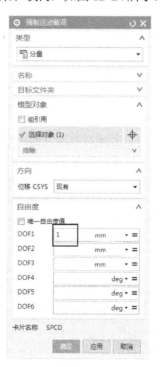

图 12-23 【强制运动载荷】对话框

图 12-24　频率响应约束和载荷

6）右键单击【SOL108_DFR】节点，选择【编辑】选项，弹出【解算方案】对话框。选择对话框左侧【模型数据】选项，在【结构阻尼（G）】参数框内输入【0.06】（从公式 12-16 可知，结构阻尼是阻尼比的 2 倍），如图 12-25 所示。

图 12-25　直接频率响应中设置结构阻尼

7）右键单击解算方案下面的子工况【Subcase - Direct Frequency 1】节点，选择【编辑】。在弹出的【解算步骤】对话框中，单击【扰动频率】后面的【创建】按钮；在弹出的【建模对象管理器】对话框中，单击【创建】按钮，弹出【Forcing Frequencies - Direct1】对话框；选取【频率列表格式】下拉列表框内的【线性扫描(FREQ1)】选项，【第一频率】参数框内输入【10】，【频率增量】为【1】，【频率增量数】为【390】，如图 12-26 所示，单击【确定】按钮，然后在【建模对象管理器】对话框下方的列表栏中，单击【添加】按钮将【Forcing Frequencies - Direct1】添加进来，如图 12-27 所示。单击【关闭】按钮，回到【解算步骤】对话框中，单击【确定】按钮（说明：外界激励的频率从 10Hz 开始递增，每隔 1Hz 求解一次频率响应结果，总共求解 390 个结果，即频率范围是 10Hz～400Hz）。

8）保存文件，并提交求解。求解完成后，可以得到各个频率下的响应结果。通过绘图工具可以绘制频率响应曲线，具体将在下一节介绍。

图 12-26 线性扫描频率　　　　　　　　　图 12-27 【建模对象管理器】对话框

12.4.5 SOL111 模态频率响应分析

1）新建解算方案，类型为【SOL 111 模态频率响应】，名称改为【SOL111_MFR】。将解算方案【SOL108_DFR】中的约束和载荷集分别添加进来（具体操作参考前面相关章节，此处不再赘述），这两个解算方案的约束和载荷完全一样。

2）采用模态法进行求解，需要设置模态求解参数和提取模态的数量。在本章基础知识中提到，至少应该保留最高激励频率 2～3 倍的所有模态。

提示

本案例中，最高激励频率为 400Hz，3 倍即 1200Hz。查看【SOL103_EIG】的模态结果，第 15 阶模态的固有频率为 1208Hz。因此采用模态法所需的模态数量可以设为 15。

3）右键单击【SOL111_MFR】节点，选择【编辑】。在【工况控制】栏中，单击【Lanczos 数据】后面的【编辑】 按钮。在弹出的对话框中，将【所需模态数】改为【15】，单击【确定】按钮回到【解算方案】对话框中，单击【确定】按钮。

4）右键单击解算方案下面的子工况【Subcase - Modal Frequency 1】，选择【编辑】。在弹出的【解算步骤】对话框中，单击【扰动频率】后面的【创建】按钮，在弹出的【建模对象管理器】对话框中，单击【创建】按钮，弹出【Forcing Frequencies - Modal1】对话框，选取【频率列表格式】下拉列表框内的【线性扫描(FREQ1)】选项，【第一频率】参数框内输入【10】，【频率增量】为【1】，【频率增量数】为【390】，单击【确定】按钮。然后在【建模对象管理器】对话框下方的列表栏中，单击【添加】 按钮将【Forcing Frequencies - Modal1】添加进来，单击【关闭】按钮。返回到【解算步骤】对话框中，选取【阻尼类型】下拉列表框内的【关键】选项（英文是 Critical，表示与临界阻尼的比值，即阻尼比），【临界阻尼】设为【0.03】，如图 12-28 所示，单击【确定】按钮。

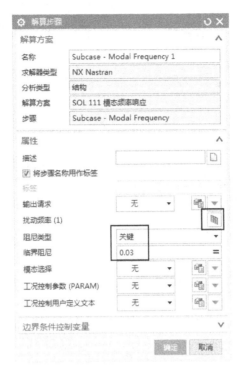

图 12-28 设置扰动频率及阻尼

5）保存文件，并提交求解。计算完成后可以查看结果，可以看出与前面直接法求解的结果几乎一致。

12.4.6 SOL109 直接瞬态响应分析

1）新建解算方案，类型为【SOL 109 直接瞬态响应】，名称改为【SOL109_DTR】。在本案例的瞬态响应分析中，支架底部固定，电机质心处施加瞬态载荷。

2）将解算方案【SOL103_EIG】中的【固定约束】添加进来。

3）在【仿真导航器】窗口中，右键单击【载荷】节点，选择【新建载荷集】选项后的【瞬态激励载荷集】。在弹出的【瞬态激励载荷集】对话框中，选取【类型】下拉列表框内的【作用载荷】，单击【激励】下拉列表框后面的=符号，选择【新建场】选项后的【表】选项，弹出【表格场】对话框，这里通过表格数据创建动态载荷关于时间的变化规律，在数据点栏，输入各个时刻及对应的载荷大小，如图 12-29 所示，单击【确定】按钮。

4）右键单击【载荷】下的【Transient Excitation Load Set - Applied Load(1)】节点，选择【新建】后的【静态载荷集】选项，单击【确定】按钮。右键单击新增的【Static Load Set - Applied Load(1)】节点，选择【新建】后的【力】选项。在弹出的【力】对话框中，选择电机质心的节点，力的【幅值】为【1N】，方向为【-ZC】，如图 12-30 所示，单击【确定】按钮，完成的约束和载荷效果如图 12-31 所示。

图 12-29 【表格场】对话框

图 12-30 电机质心的力

图 12-31 瞬态响应约束和载荷

5）右键单击【SOL109_DTR】节点，选择【编辑】选项。弹出【解算方案】对话框，在【模型数据】栏中设置【总结构阻尼（G）】为【0.06】，【总体结构阻尼主频率（W3）】为【100Hz】，如图 12-32 所示，单击【确定】按钮。

6）右键单击解算方案下面的子工况【Subcase - Direct Transient 1】，选择【编辑】选项。在弹出的【解算步骤】对话框中，单击【时间步间隔】后面的【创建】 按钮，在弹出的【建模对象管理器】对话框中，单击【创建】按钮；弹出【Time Step1】对话框中，【时间步数】设为【100】，【时间增量】设为【0.0005sec】，【输出间隔因子】设为【1】，如图 12-33 所示，单击【确定】按钮。然后在【建模对象管理器】窗口下方的列表栏单击【添加】 按钮将【Time Step1】添加进来，单击【关闭】按钮回到【解算步骤】对话框中，单击【确定】按钮完成设置。

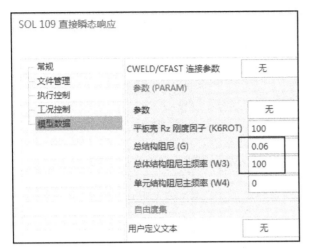

图 12-32　直接瞬态响应中设置结构阻尼　　　　　　图 12-33　时间步设置

7）保存文件，并提交求解，计算完成后可查看结果。

12.4.7　SOL112 模态瞬态响应分析

1）新建解算方案，类型为【SOL 112 模态瞬态响应】，名称改为【SOL112_MTR】。将解算方案【SOL109_DTR】中的【约束】和【载荷集】分别添加进来。

2）右键单击【SOL112_MTR】节点，选择【编辑】选项。弹出【解算方案】对话框，在【工况控制】栏中，单击【Lanczos 数据】后面的【编辑】 按钮，在弹出的对话框中，将【所需模态数】设为【15】，单击【确定】按钮。

3）右键单击解算方案下面的子工况【Subcase - Modal Transient 1】，选择【编辑】选项。弹出的【解算步骤】对话框中，单击【时间步间隔】后面的【创建】 按钮，在【建模对象管理器】对话框下方的列表栏，选择【Time Step1】，单击【添加】 按钮将【Time Step1】添加进来，单击【关闭】按钮，回到【解算步骤】对话框中，选取【阻尼类型】下拉列表框内的【关键】，【临界阻尼】设为【0.03】，单击【确定】按钮。

4）保存文件，并提交求解，计算完成后可查看结果。

12.5　项目结果

12.5.1　模态分析结果

解算方案【SOL103_EIG】的结果中，可以查看各阶模态结果（固有频率大小和相应的振型）。图 12-20 已经说明，此处不再赘述。注意模态结果中位移和应力的数值都是相对值。

查看模态振形时，一般将变形放大比例设为 10% 模型。

12.5.2　频率响应分析结果

1）展开【SOL108_DFR】下面任意一个频率的结果，即可查看位移幅值的云图。

2）单击【创建图】△按钮，弹出【图】对话框，选取【类型】下拉列表框内的【跨迭代】选项，选择电机质心处的节点，单击【确定】按钮，将位移响应曲线点放在工作窗口绘制。在功能菜单的【结果】选项卡中，展开【XY 图】功能区的【更多】，单击【峰值探测模式】△按钮，鼠标移动到曲线上，会自动捕捉曲线上的峰值。单击左键，即可在曲线上标识出峰值，如图 12-34 所示，响应的峰值出现在 29Hz 频率，对应的振幅为 16.5mm。

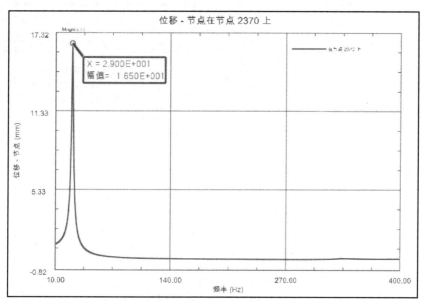

图 12-34 位移频率响应曲线

3）找到扰动频率 29Hz 对应的结果，可以查看该频率下的位移和应力云图，如图 12-35 所示。位移和应力都比较大，说该频率下出现明显的共振现象。实际应用中一般需要对产生共振的结构进行加强，或者在支架和设备之间增加橡胶垫，起到减振作用。

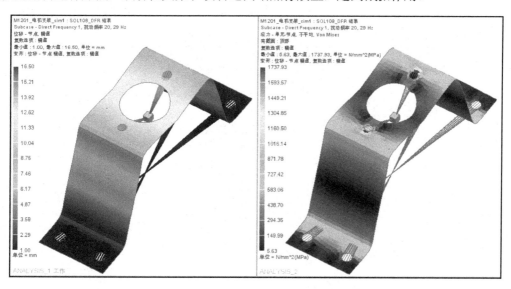

图 12-35 频率响应曲线的峰值对应的位移和应力

4）展开【SOL111_MFR】的结果，用上一步的方法绘制电机质心的位移响应曲线。单击【编辑】按钮，双击纵坐标刻度线旁边的数值，弹出【Y 轴选项】对话框，在【类型】选项卡中，选取【轴类型】下拉列表框内的【Log】选项，单击【确定】按钮，使纵坐标以对数坐标显示。右键单击【SOL108_DFR】结果下面创建的【图】，选择【叠加】选项，直接法和模态法频率响应分析的结果对比如图 12-36 所示。

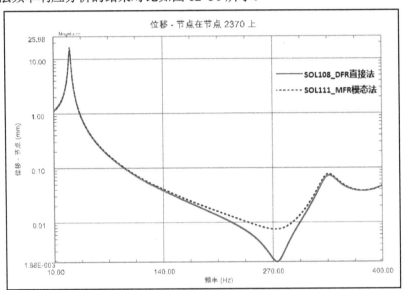

图 12-36 频率响应分析中直接法和模态法结果对比

12.5.3 瞬态响应分析结果

1）展开【SOL109_DTR】下面任意一个频率的结果，查看 Z 方向的位移云图。绘制电机质心 Z 方向的位移响应曲线，并将纵坐标的【轴类型】切换到【线性】，得到如图 12-37 所示的曲线。从图中可以看出：在冲击力作用下，电机向 -Z 方向运动；冲击力消除后，电机自由振动，由于阻尼作用，振幅逐渐衰减。

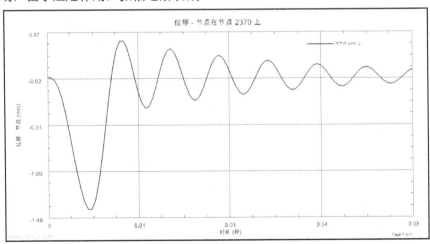

图 12-37 位移瞬态响应曲线

2）用峰值探测可以找到 −Z 方向最大位移为 1.4mm，对应的时刻为 0.006s。找到该时刻对应的结果，查看位移和应力云图，如图 12-38 所示，可以看出：响应的最大位移为 1.7mm，最大应力 1546MPa，最大应力出现在螺栓孔边，由于螺栓孔采用 RBE2 刚性连接，会造成局部应力集中，一般不考核其最大值。

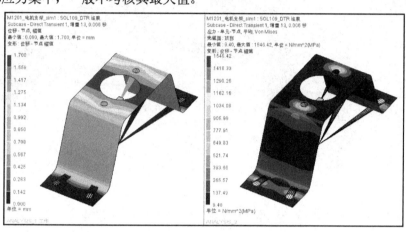

图 12-38 瞬态响应曲线的峰值对应的位移和应力

3）假设支架屈服强度为 300MPa，设置颜色图例的最大值为 300MPa，可以观察哪些区域超出了屈服强度，这些超出屈服强度的区域可能会发生失效。

单击【编辑后处理视图】 按钮，弹出【后处理视图】对话框，在【图例】选项卡下，选择【指定的】选项，在【最大值】参数框内输入【300】，【溢出】下拉列表框内选择【着色】，颜色改为黑色，如图 12-39 所示，单击【确定】按钮。应力云图显示如图 12-40 所示，图中黑色区域可能发生失效。

图 12-39 设置颜色图例的最大值

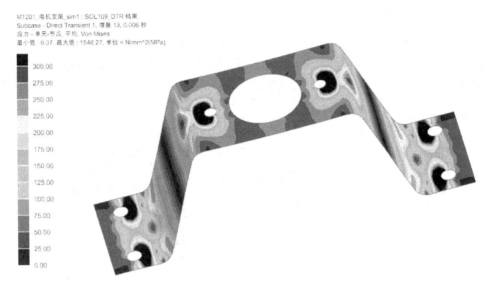

图 12-40　应力超过 300MPa 的区域显示为黑色

4）展开【SOL112_MTR】的结果，用上一步的方法绘制电机质心 Z 方向的位移响应曲线。直接法和模态法频率响应分析的结果对比，如图 12-41 所示。

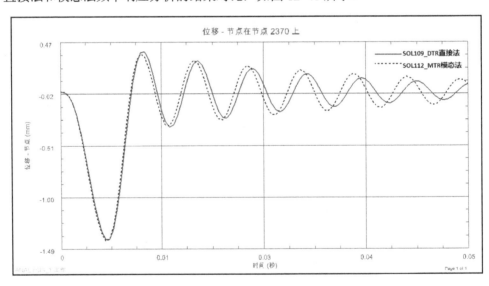

图 12-41　瞬态响应分析中直接法和模态法结果对比

12.6　项目拓展

12.6.1　SOL103 响应动力学频响分析

解算方案【SOL 103 响应动力学】可以在模态分析的基础上，进行动态响应（频响分析和瞬态分析）分析。用户可以先求解模态，然后基于模态分析的结果建立动态响应分析方案。本节将介绍该解算方案的应用。

1. 采用 SOL103 响应动力学进行模态分析

1）新建解算方案，类型为【SOL 103 响应动力学】，名称改为【SOL103_RS】。在该解算方案中定义约束时，可以设置【强制运动位置】。

提示

【强制运动位置】用于预先设定外界激励的运动方向，便于后续建立响应分析时施加该方向上的强制运动（位移、速度或加速度等）。

2）将解算方案【SOL108_DFR】中的约束添加到【SOL103_RS】中，该约束是将底部 RBE2 连接的主节点设置为【DOF1】自由，其他固定。单击【约束类型】工具栏中的【强制运动位置】 按钮，选择底部 RBE2 连接的主节点，【DOF1】设为【强制】，其他为【自由】，单击【确定】按钮。

3）右键单击子工况【Subcase– Dynamics】，选择【编辑】。在【解算步骤】对话框中，单击【Lanczos 数据】后面的【编辑】 按钮，将【所需模态数】改为【20】，单击【确定】按钮。

4）保存文件，并提交求解。分析完成后，可以查看模态结果。可以看出：各阶模态的固有频率和模态形状与【SOL103_EIG】解算模块分析的结果是一样的，但是多了一个约束模态（结果列表最下方——约束模态 1，节点 2371，自由度 1）。

2. 建立 SOL103 响应动力学解算方案

1）选择【菜单】命令，在【插入】选项后单击【响应动力学】 按钮，在弹出的对话框中，解算方案栏选择 SOL103_RS，单击【确定】按钮。

2）在【仿真导航器】窗口下方，单击【响应动力学局部放大图】将其展开。然后展开上方结构树中的【Response Dynamics 1】节点，选择【Normal Modes [20]】节点，可以在【响应动力学局部放大图】中看到正则模态的相关信息，如图 12-42 所示。

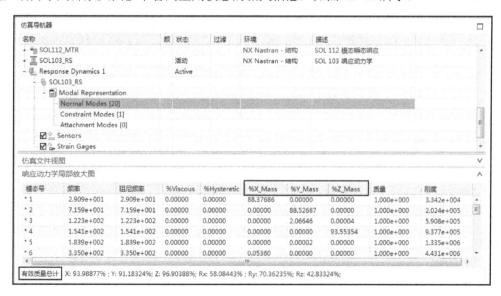

图 12-42　响应动力学局部放大图

3）其中【%X_Mass】【%Y_Mass】【%Z_Mass】分别代表 X、Y、Z 三个方向的模态有效质量分数（以下简称"质量分数"）。窗口下方的【有效质量总计】代表了所求解的模态在各个方向上的质量分数的总和。前面提到，采用模态法进行动态响应分析时，存在模态截断。一般不会求解所有的模态，所以质量分数的总和不会达到 100%。为了得到比较精确的结果，一般要求激励方向上的质量分数总和达到 80% 以上。本案例中，各个方向的质量分数都在 90% 以上，满足精度要求。如果质量分数较低，可以增加模态数量。

4）设置阻尼。右键单击【Normal Modes [20]】节点，选择【编辑阻尼系数】 选项，在【粘滞】后面的参数框中输入【3】，表示粘滞阻尼系数为 3%，如图 12-43 所示，单击【确定】按钮。在【响应动力学局部放大图】中，可以看到【%Viscous】全部变成了【3】。如果要给某个模态设置不同的阻尼系数，可以在响应动力学局部放大图中右键单击该模态，选择【编辑阻尼系数】 进行设置。

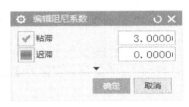

图 12-43　编辑阻尼系数

3. 采用 SOL103 响应动力学进行频率响应分析

1）右键单击【Response Dynamics 1】节点，选择【新建事件】 选项。弹出【新建事件】对话框，选取【类型】下拉列表框内的【频率】，【名称】改为【Event_FR】，单击【确定】按钮。

2）右键单击新增的【Excitations】节点，选择【新建激励】选项后的【平移节点】选项，如图 12-44 所示。弹出【新建平移节点激励】对话框，在【激励位置】栏中，选择【激励】下拉列表框内的【强制运动】选项，【选择方法】默认为【列表选择】，单击【ID】后面的【激励位置列表】 按钮，选择【Node2371:X】，单击【确定】按钮（这里强制运动的激励位置，只能选择前面设置过【强制运动位置】的节点及相应的自由度）。

3）回到【新建平移节点激励】对话框中，在【激励函数】栏中，勾选【X】复选框，单击后面的 按钮，选择【函数管理器】 选项，如图 12-45 所示。弹出对话框，单击【新建】 按钮。在弹出的【XY 函数编辑器】中，可以设置动态激励载荷的函数。依次单击 ID XY 三个按钮，可以分别设置名称、数据类型和数据的值，如图 12-46 所示。

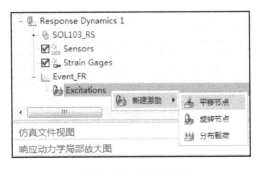

图 12-44　新建激励图

图 12-45　创建强制运动激励

图 12-46 XY 函数编辑器

4）在最后一步**XY**中，单击【从文本编辑器输入】 按钮，弹出文本框，依次输入【10,1】和【400,1】，如图 12-47 所示，单击【确定】按钮（表示频率从 100Hz 到 400Hz，强制位移的幅值为 1，保持不变）。全部单击【确定】按钮，关闭所有的对话框。

图 12-47 XY 输入数据

5）右键单击【Event_FR】节点，选择【求解模态响应】 命令。右键单击【Event_FR】，选择【评估函数响应】 选项后的【节点】 选项，如图 12-48 所示。在弹出的【计算节点函数响应】对话框中，选取【结果】下拉列表框内的【位移】选项，【响应节点】选择电机质心的节点，【数据分量】选为【X】，勾选【存储至 AFU】复选框，如图 12-49 所示，单击【确定】按钮。在工作窗口绘制出电机质心的位移频率响应曲线，如图 12-50 所示。

6）采用同样的方法，将图 12-49 中的【结果】改为【速度】或【加速度】，可以得到速度或加速度的响应曲线，如图 12-51 所示。

图 12-48 评估函数响应

图 12-49 计算质心处 X 方向位移响应

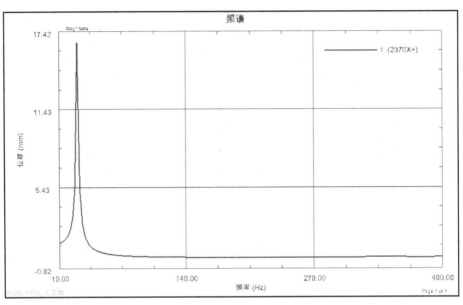

图 12-50　电机质心处 X 方向的位移频率响应曲线

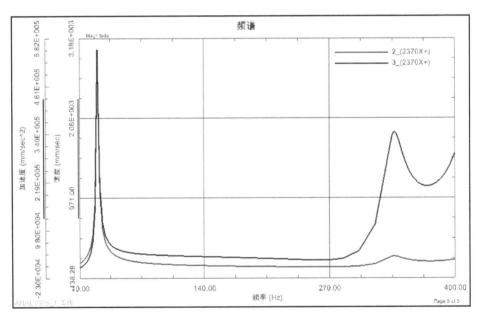

图 12-51　电机质心处 X 方向的速度和加速度频率响应曲线

12.6.2　SOL103 响应动力学瞬态响应分析

NX 提供了专业的函数工具，可以创建一些特殊波形的瞬态脉冲信号，比如正弦波、方波和三角波等，函数工具也可以用于对信号进行时域和频域之间的变换。

1. 打开函数工具对话框

选择【菜单】命令，在选择【工具】选项后，选择【响应动力学】选项后的【函数工具】选项，如图 12-52 所示。弹出【Function Tools for Response Dynamics】（响应动力学的函数工具）对话框，如图 12-53 所示。

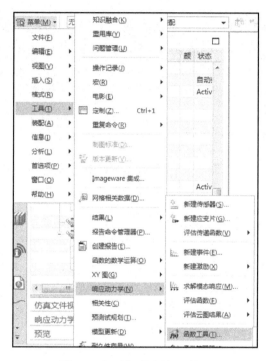

图 12-52　选择【函数工具】

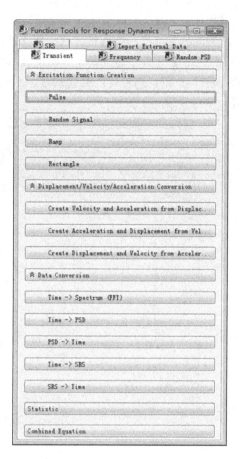

图 12-53　响应动力学的函数工具

使用该工具之前，需要正确安装 Java 并设置好 Java 路径。如果这一步弹出错误提示，说明没有正确配置 Java，解决办法如下。

1）下载 Java 并安装。NX 11.0 适用 jre1.8.0_45 及以后的版本（最新版本可能不兼容，建议下载 jre1.8.0_45 版本）

2）在 NX 菜单栏右上角的命令查找器中，输入【Java】，按下〈Enter〉键进行查找。在查找的结果中单击【替代 Java 参数】，将 UGII_JVM_LIBRARY_DIR 设置为 Java 路径："C:\Program Files\Java\jre1.8.0_45\bin\server"。

2. 新建一个半正弦波激励函数

在图 12-53 所示的函数工具中，单击【Transient】选项卡，单击【Pulse】按钮，弹出【pulse】（脉冲）创建对话框。对话框上方的类型选择【Half-sin】（半正弦波），纵坐标参数框内输入【1000】，横坐标参数框内输入【0.01】，选取【Ordinate Type】下拉列表框内的【Force】，选取【Unit Type】下拉列表框内的【N】，【Record Name】参数框内输入【Fz】，【AFU File】输入文件名【MyAFU】，如图 12-54 所示。

3. 新建一个激励事件

1）右键单击【Response Dynamics 1】节点，选择【新建事件】。

2）在【新建事件】对话框中，选取【类型】下拉列表框内的【瞬态】选项，【名称】改为【Event_TR】，单击【确定】按钮。右键单击【Excitations】节点，选择【新建激励】后的【平移节点】选项，弹出对话框，在【激励位置】栏中选取【激励】下拉列表框内的【节点力】，选择电机质心的节点，取消勾选【X】和【Y】复选框；仅勾选【Z】复选框，单击其后面的 按钮，选择【函数管理器】$f(x)$，在弹出的对话框中选择【记录名】为【Fz】的一行，单击【确定】按钮。

3）返回到前面对话框中，将【缩放因子】下面【Z】的值改为【-1】，表示力的方向是-Z方向，如图 12-55 所示，单击【确定】按钮。

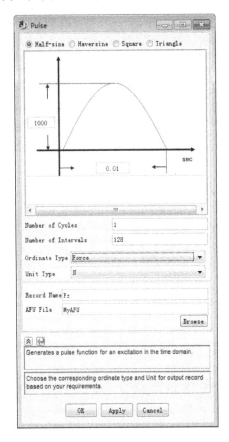

图 12-54 利用函数工具创建冲击力载荷的波形

图 12-55 创建节点力激励

4）右键单击【Event_TR】节点，选择【编辑属性】 选项；在弹出的【编辑事件】对话框中，选取【持续时间选项】下拉列表框内的【用户定义】，【持续时间】参数框内输入【0.05】，单击【确定】按钮。

4. 求解查看和评估响应

1）右键单击【Event_TR】节点，选择【求解模态响应】 选项。

2）右键单击【Event_TR】节点，选择【评估函数响应】 选项后的【节点】 选项，在弹出的对话框中，选取【结果】下拉列表框内的【位移】选项，【响应节点】选择电机质心的节点，【数据分量】设为【Z】，勾选【存储至 AFU】复选框，单击【确定】按钮，在工作窗口绘制出电机质心的位移瞬态响应曲线，如图12-56所示。

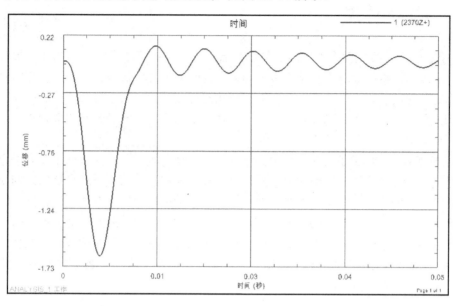

图12-56　电机质心处Z方向的位移瞬态响应曲线

3）右键单击【Event_TR】节点，选择【评估云图结果】选项后的【峰值】选项。

4）在弹出的对话框中，选取【结果】下拉列表框内的【应力】选项，框选所有单元，勾选【响应请求】栏中的【VonMises】复选框，如图12-57所示，单击【确定】按钮。可以得到整个时间历程上，各个单元应力的最大值。

5）在【仿真导航器】窗口中展开【Contour Results】节点，右键单击【Peak Stress_VONMISES】，选择【快速查看】，如图12-58所示，可以查看应力分布情况。

图12-57　计算瞬态过程的峰值应力

图12-58　快速查看峰值应力

12.7　项目总结

1）模态分析是线性动力学分析的基础。通过模态分析可以求解结构的固有频率和对应的振型。刚度和质量都会对模态结果造成影响，其中刚度又与材料、几何形状和约束状态有关。根据这些影响因素，可以有针对性地对结构进行改进。比如，材料不变的情况下，希望提高结构的固有频率，可以修改几何形状（合理布置加强筋）或者改变约束状态（如两点支撑改为三点支撑）。

2）NX Nastran 提供了直接法和模态法两种求解动态响应的方法。由于模态法存在模态截断，精度可能比直接法低。但如果模态数量足够，模态法的精度也是足够的。判断模态数量是否足够，有两个原则：①所选模态的固有频率达到最高激励频率的 2～3 倍；②激励方向上的质量分数总和达到 80% 以上。使用模态法进行求解时，在保证精度的前提下采用尽量少的模态数量，才能发挥模态法的效率优势。否则，如果需要很多数量的模态才能取得较好的精度，模态法的效率并不高，不如采用直接法。注意：解算方案【SOL 103 响应动力学】是基于模态法进行求解的。

参 考 文 献

[1] 洪如瑾.UG NX4 高级仿真培训教程[M].北京：清华大学出版社，2007.

[2] 洪如瑾，陆海燕.NX CAE 高级仿真流程[M].北京：电子工业出版社，2012.

[3] 吕洋波，胡仁喜，吕小波. UG NX7.0 动力学与有限元分析从入门到精通[M].北京：机械工业出版社，2010.

[4] 朱崇高，谢福俊.UG NX CAE 基础与实例应用[M].北京：清华大学出版社，2010.

[5] 黄海，王娟.NX CAE 高级仿真求解[M].北京：电子工业出版社，2012.

[6] 张峰.NX Nastran 基础分析指南[M].北京：清华大学出版社，2005.

[7] 耿鲁怡，徐六飞.UG 结构分析培训教程[M].北京：清华大学出版社，2005.

[8] 隋允康，杜家政，彭细荣. MSC.Nastran 有限元动力分析与优化设计实用教程[M].北京：科学出版社，2004.

[9] 廖日东.I-DEAS 实例教程-有限元分析[M].北京：北京理工大学出版社，2003.

[10] 马爱军，周传月，王旭.Patran 和 Nastran 有限元分析专业教程[M].北京：清华大学出版社，2005.

[11] 郭乙木，万力，黄丹. 有限元法与 MSC.Nastran 软件的工程应用[M].北京：机械工业出版社，2005.

[12] 张胜兰，郑冬黎，李楚琳. 基于 HyperWorks 的结构优化设计技术[M].北京：机械工业出版社，2007.

[13] 王呼佳，陈洪军.ANSYS 工程分析进阶实例[M].北京：中国水利水电出版社，2006.

[14] 罗旭，赵明宇.Femap&NX Nastran 基础及高级应用[M].北京：清华大学出版社，2009.

[15] 沈春根，王贵成，王树林.UG NX 7.0 有限元分析入门与实例精讲[M].北京：机械工业出版社，2010.

[16] 沈春根，裴宏杰，聂文武. UG NX 8.5 有限元分析入门与实例精讲[M]. 北京：机械工业出版社，2015.